AF567356

KASTRATION & STERILISATION BEIM HUND

Dr. Michael Lehner
Clarissa v. Reinhardt

ISBN 978-3-936188-63-9

Lektorat: Susanne Artmann
Illustrationen: Antonia Vogel, Kiel
Fotos: Fotolia.de, istockphoto.com, Photocase.de, Pixelio.de, Annette Gevatter
Satz & Layout: Annette Gevatter, Riegel a.K.
Druck: FINIDR, s.r.o., Český Těšín, Tschechische Republik

animal learn Verlag, Am Anger 36, 83233 Bernau
email: animal.learn@t-online.de, www.animal-learn.de

Für alle Hunde,
die man lieber nicht
oder eben doch
hätte kastrieren sollen.

Inhalt

Vorwort der Autoren

Kaum ein Thema wird so kontrovers und emotionsgeladen diskutiert wie das der Kastration/ Sterilisation des Hundes. Während die einen die Unfruchtbarmachung per Operation kategorisch ablehnen und sogar von Tierschutzrelevanz und Gesetzesbruch reden, sind andere felsenfest davon überzeugt, dass dieser Eingriff der einzig wahre ist, wenn es um Geburtenkontrolle oder Verhaltensprobleme geht. Insbesondere, wenn es um die Kastration des Rüden geht, erhitzen sich die Gemüter oft gewaltig, wobei es ein Klischee ist, dass ausschließlich Männer ein Problem mit der „Entmannung“ ihres Freundes auf vier Pfoten haben. Auch manche Frau will einen „echten“ Rüden im Haus haben und verwehrt sich vehement gegen die Kastration – sei dies nun gut für ihn oder nicht...

Interessant hierbei ist, dass die Kastration der Katze/ des Katers weit weniger Anlass zu Diskussionen gibt, obwohl diese evolutionsgeschichtlich auf etwa gleicher Stufe steht wie der Hund. Wie kommt das? Liegt es daran, dass der Gestank eines markierenden Katers das ganze Wohnambiente versaut und bei dem Gedanken daran selbst dem aufgebrachtesten vermeintlichen Tierschützer die Toleranzgrenze abhanden kommt? Oder daran, dass eine schreiende Katze in der Rolligkeit einem den letzten Nerv raubt? Oder einfach nur daran, dass man sich hierüber noch gar keine Gedanken gemacht hat, weil man viel zu sehr mit der – oft sehr polemisch und wenig fachlich geführten – Diskussion um den Hund beschäftigt ist?

Die Kastration von Katzen bzw. Katern wird längst nicht so kontrovers diskutiert wie die von Hunden.

Ebenso fällt auf, dass die, die angeblich so sehr um den Tierschutz und die Tierrechte bemüht sind, kein Problem damit haben, ein Wurstbrot oder Schnitzel zu essen, während sie über das Recht der Hunde (wohlgemerkt nicht der Tiere im Allgemeinen!) auf körperliche Unversehrtheit schreiben. Wir fragen uns angesichts solcher Szenarien, ob sich diese Menschen schon Gedanken über die Ferkelkastration – wohl gemerkt oftmals ohne ausreichende Betäubung und medizinische Nachbetreuung! – gemacht haben?!

Für uns war die Publikation von Gansloßer und Strodtbeck (2011) Anlass, uns nochmals intensiv mit dem Thema auseinander zu setzen, denn die in ihrem Buch veröffentlichten Erkenntnisse decken sich so gar nicht mit unserer mehr als 20-jährigen praktischen Erfahrung im Tierschutz, in der Tiermedizin und bei der Verhaltenskorrektur. Während unserer Recherchearbeit stellten wir schließlich fest, dass es so gut wie keine wissenschaftlich gesicherten Daten gibt. Lediglich die von Dr. Gabriele Niepel durchgeführte Studie aus dem Jahr 2003, die laut Niepel selbst durchaus kritisch betrachtet werden muss, weil sie innerhalb eines sehr begrenzten Personenkreises durchgeführt wurde, wird hin und wieder zitiert. Deshalb führten wir selbst eine Studie durch, deren Aufbau, Durchführung und Auswertung wir weiter hinten im Buch vorstellen. Vorab sei aber schon erwähnt, dass diese Studie unsere bisherigen Erfahrungen zum Thema Kastration/ Sterilisation beim Hund weitgehend bestätigte.

Wir sehen es als Pflicht eines verantwortungsvollen Hundehalters an, über den Eingriff der Kastration/ Sterilisation gründlich nachzudenken, bevor er durchgeführt wird – oder nach reiflicher Überlegung auch nicht –, und hoffen, dass wir mit den in diesem Buch zusammengetragenen Daten und Informationen einen Beitrag dazu leisten können, die bestmögliche Entscheidung für jeden einzelnen Hund zu treffen.

Dr. Michael Lehner
Clarissa v. Reinhardt
im März 2013

Die Gesetzeslage und der Tierschutz

Immer wieder wird von Kastrationsgegnern behauptet, der Eingriff sei nach deutschem Recht bis auf ganz wenige Ausnahmen unzulässig. Strodtbeck und Gansloßer gehen in ihrem Buch sogar so weit, dazu aufzurufen, Tierschutzvereinen, die generell kastrieren lassen, „den Amtstierarzt auf die Matte zu schicken“. Wie das Elend der sich ständig vermehrenden Straßenhunde in Ost- und Südeuropa anders gelöst werden könnte, verraten sie dabei allerdings nicht. Es lässt sich nur vermuten, dass beide noch nie in einem Auffanglager mit 500, 1000 oder sogar 3000 auf engstem Raum zusammengepferchten Hunden waren und das Leiden der Tiere dort hautnah miterlebt haben. Sonst würden sie mit solch unüberlegten und undifferenzierten Äußerungen nicht den vielen Tierschützern das Leben schwer machen, die unter anderem durch Massenkastrationen versuchen, diesem Elend zumindest Grenzen zu setzen, wenn es schon nicht ganz zu verhindern ist. Vielleicht wurde aber auch nur innerhalb Deutschlands Grenzen und gar nicht an den internationalen Tierschutz gedacht – aber selbst hier wären die Tierheime noch voller und der Kampf gegen die Flut der heimatlosen Hunde noch aussichtsloser, wenn nicht durch Kastrationen verhindert würde, dass sie sich unkontrolliert vermehren. Angeblich ist es kein Problem, dies durch Aufpassen zu erreichen – die Frage ist dann aber, warum wir im Tierschutz ständig mit Welpen und Junghunden zu tun haben, die aus „versehentlichen“ Verpaarungen stammen?!

Hunde in einer Tötungsstation in Serbien. (Bild: Tierhilfe KowaNeu)

Wie auch immer. Dadurch, dass man etwas beharrlich wiederholt, wird es nicht wahrer und Tatsache ist, dass das deutsche Tierschutzgesetz die Unfruchtbarmachung ausdrücklich erlaubt. In der Regel bezieht sich die Argumentation auf § 6 des Tierschutzgesetzes, den wir hier an den entsprechenden Stellen zitieren:

§ 6

Verboten ist das vollständige oder teilweise Amputieren von Körperteilen oder das vollständige oder teilweise Entnehmen oder Zerstören von Organen oder Geweben eines Wirbeltieres. Das Verbot gilt nicht, wenn

1. der Eingriff im Einzelfall
   a) nach tierärztlicher Indikation geboten ist oder
   b) bei jagdlich zu führenden Hunden für die vorgesehene Nutzung des Tieres unerlässlich ist und tierärztliche Bedenken nicht entgegenstehen,
2. ein Fall des § 5 Abs. 3 Nr. 1, 1a oder 7 vorliegt,
3. ein Fall des § 5 Abs. 3 Nr. 2 bis 6 vorliegt und der Eingriff im Einzelfall für die vorgesehene Nutzung des Tieres zu dessen Schutz oder zum Schutz anderer Tiere unerlässlich ist,
4. das vollständige oder teilweise Entnehmen von Organen oder Geweben zum Zwecke der Transplantation oder des Anlegens von Kulturen oder der Untersuchung isolierter Organe, Gewebe oder Zellen erforderlich ist,
5. **zur Verhinderung der unkontrollierten Fortpflanzung oder – soweit tierärztliche Bedenken nicht entgegenstehen – zur weiteren Nutzung oder Haltung des Tieres eine Unfruchtbarmachung vorgenommen wird.**

Das deutsche Tierschutzgesetz erlaubt ausdrücklich die Unfruchtbarmachung von Hunden.

Das Tierschutzgesetz schreibt weiterhin die Verabreichung einer Narkose und die Behandlung mit Schmerzmitteln vor und ebenso, dass ein Tierarzt den Eingriff vornehmen muss. Von einem Verbot der Kastration kann also überhaupt keine Rede sein.

Der Tierschutz, die Persönlichkeitsrechte von Tieren und der faire Umgang mit ihnen liegt uns sehr am Herzen, deshalb finden wir es wichtig, keinesfalls pauschal pro oder contra Kastration zu argumentieren. Ganz im Gegenteil sollte immer im besten Sinne für jedes einzelne Tier entschieden werden, ob eine Operation sinnvoll ist oder nicht. Hierzu liegt es in der Verantwortung des Halters, sich vorher gründlich zu informieren. Das ist allerdings leichter gesagt als getan, denn viele Tierärzte und Hundetrainer beraten entweder sehr oberflächlich, nach dem Motto: „Kann man machen, oder auch nicht – das müssen Sie letztendlich selber wissen...“, oder sind erklärte Anhänger einer bestimmten Richtung und raten deshalb grundsätzlich immer pro oder eben immer contra Kastration. Diverse Foren im Internet bringen den interessierten Laien oftmals auch nicht weiter, weil hier ebenso polarisiert und leider oft mit wenig Fachwissen diskutiert wird.

Breit angelegte Kastrationsaktionen tragen dazu bei, das Leid ausgesetzter und herrenloser Tiere zu verhindern.

Als Hundehalter befindet man sich in der Verantwortung für einen Schutzbefohlenen, und da die meisten Menschen ihr Tier aufrichtig lieben, wollen sie natürlich auch die bestmögliche Entscheidung für es treffen. Neben den medizinischen Indikationen, die im entsprechenden Kapitel ausführlich besprochen werden, möchten wir an dieser Stelle ein paar Gedanken dazu äußern, weshalb eine Kastration aus tierschützerischer Sicht sinnvoll sein kann.

Fangen wir zunächst einmal mit dem offensichtlichsten Grund an, nämlich mit der Flut von tausenden und abertausenden Hunden, die in Tierheimen, Auffang- und Tötungsstationen ihr Dasein fristen oder versuchen, als Straßenhunde zu überleben. Aus unserer Sicht ist es geradezu ein „Muss“, diesem endlosen Meer aus Elend und Leid durch breit angelegte Kastrationsaktionen entgegenzutreten. Aus gleichem Grund sind wir auch keine großen Fans der gezielten Hundezucht, denn aus ethischer und moralischer Sicht stellt sich schon die Frage, warum wir immer noch mehr Hunde produzieren müssen, wenn noch nicht einmal ausreichend viele Plätze für die bereits vorhandenen da sind?! Jeder Hund, der in einem Tierheim auf ein neues Zuhause hofft, ist ein Hund zu viel, der unter diesen Umständen leben muss, selbst wenn es ein gut geführtes Tierheim ist, was sich nicht von vielen sagen lässt. Uns beeindruckt auch das Argument vieler Züchter nicht, bei ihnen würden nur Rassehunde gezüchtet, die in ihren späteren Familien herzlich willkommen seien, und die Masse der in Tierheimen sitzenden Hunde seien eben ungewollte Mischlinge oder verhaltensauffällige Tiere, die keiner mehr haben will. Wenn das stimmen würde, wie kämen dann die vielen reinrassigen Hunde in die Tierheime?! Ganz im Gegenteil ist es oftmals so, dass ein teurer Rassehund – auch aus Prestigegründen – angeschafft wird, um nach einem mehr oder weniger kurzen Zeitraum, in jedem Fall aber weniger als seiner Lebenszeit, festzustellen, dass einem das doch alles zu viel wird mit der Pflege, der Verantwortung, dem Zeiteinsatz, den Kosten usw.

Auch „Rasse“ schützt nicht vor der Abgabe im Tierheim.

Die nächste Frage, die uns beschäftigt, ist die des täglich gelebten, unterschwelligen Rassismus, wenn jemand nicht einen Hund, sondern nur einen reinrassigen X oder Y haben möchte. Kaum ein Mensch würde es wagen, beim Eingehen sozialer Beziehungen im Freundeskreis oder in der Partnerschaft so oberflächlich zu argumentieren. „Ich möchte aber nur mit langhaarigen bzw. kurzhaarigen, sehr schlanken oder molligeren Menschen befreundet sein...“ Was würden wir von einem Menschen halten, der so argumentiert? Wir alle würden ungläubig den Kopf schütteln über so viel Oberflächlichkeit, denn wir haben schon als Kinder gelernt, dass man ein Gegenüber nicht nach dem Äußeren beurteilt – oder zumindest nicht *nur* danach. Bei Hunden scheint dies aber mit größter Selbstverständlichkeit anders zu sein. Kaum jemand macht sich die Mühe, sich zum Beispiel über den ursprünglichen Gebrauchszweck einer Rasse Gedanken zu machen und sich zu fragen, ob er einen Jagd-, Hüte- oder Herdenschutzhund braucht. Und so kommt es dann, dass das liebe Tier bei einem Züchter erstanden wurde, um dann letztendlich in einem Tierheim abgegeben zu werden, weil die Halter mit den rassetypischen Eigenschaften nicht klarkommen und den Hund als schwierig deklarieren. Mancher Hundehalter glaubt anderer-

Einen Beagle vom Jagen abzuhalten, ist mit oder ohne Kastration schwierig. ☺

seits, die Kastration würde zum Beispiel den Jagdtrieb oder manch anderes unerwünschtes Verhalten in ihrem Sinne nachhaltig positiv beeinflussen – was in der Regel nicht der Fall ist. Abgesehen davon: Wer unbedingt einen Rassehund haben möchte, kann diesen problemlos aus dem Tierschutz bekommen. Vereine wie „Collie in Not e.V.“, „Hovawart in Not e.V.“, „Jagdhunde in Not e.V.“, „Windhunde in Not e.V.“, „Herdenschutzhundhilfe e.V.“ usw. (die Liste ließe sich beliebig fortsetzen) sind froh über jeden verantwortungsvollen Adoptanten.

Das Fortpflanzungsverhalten von Wölfen unterscheidet sich gravierend von dem unserer Haushunde.

Einen weiteren tierschutzmotivierten Grund zur Kastration sehen wir bei Hunden, die sexuell stark motiviert sind, aber niemals die Gelegenheit erhalten, diesem Trieb nachzukommen. Um es mal ganz deutlich zu sagen: Wer von uns würde sich ein Leben wünschen, in dem er ständig „unter Strom“ steht, ohne jemals zu dürfen?! Wir sicher nicht! Der Vergleich mit den Vorfahren unserer Hunde, den Wölfen, die sich ja auch nicht immer alle verpaaren dürfen und trotzdem glücklich und zufrieden sind, hinkt dabei gewaltig. Wölfe sind nur ein Mal im Jahr, zur Ranzzeit, paarungsbereit, während sich das Sexualverhalten unserer Hunde durch die Domestikation dahingehend verändert hat, dass Hündinnen zwei Mal jährlich läufig werden und Rüden immer paarungsbereit sind. Zusätzlich ist es durchaus nicht so, dass sich in einem Wolfsrudel nur das ranghöchste Männchen verpaaren darf, während alle anderen in die Röhre schauen. Führende Wolfsforscher sind sich darüber einig, dass sich auch die anderen männlichen Mitglieder des Rudels mit dem Alphaweibchen paaren. Ihr Gefährte lässt dies zu, solange sie noch nicht empfängnisbereit ist. Man erklärt sich dies damit, dass hierdurch der soziale Zusammenhalt, insbesondere bei der Aufzucht der Jungen, gestärkt wird. Erst später bewacht der Altrüde seine Gefährtin und lässt keine anderen Verpaarungen zu. Ein ähnliches Verhalten konnte übrigens auch schon bei Haushunden beobachtet werden. Erfahrene Deckrüden lässt das Werbeverhalten und sogar Aufreitversuche anderer Rüden ziemlich kalt, solange sich die Hündin noch nicht in der Standhitze befindet. Erst dann wird sie bewacht und von anderen Rüden abgeschirmt, womit ihr Partner sicherstellt, dass ausschließlich seine Gene erfolgreich weitergegeben werden.

Bei manchen Rassen, wie zum Beispiel dem Manchester Terrier, dem Zwergpinscher und anderen, ist der Sexualtrieb besonders stark ausgeprägt. Insbesondere die Rüden stehen ständig „unter Strom“, berammeln Artgenossen, den Menschen, andere Haustiere, ja sogar Sofakissen oder andere Gegenstände. Bei manchen Rüden geht dies so weit, dass sie sich mehrfach täglich oral selbst befriedigen. Dieses übersteigerte Sexualverhalten kann natürlich auch bei anderen Rassen oder Mischlingen vorkommen – in jedem Fall wäre für uns hier ganz klar die Indikation zur Kastration gegeben.

Die Idee, eine Hündin solle mindestens ein Mal Junge bekommen, bevor sie kastriert wird, ist unsinnig.

Dann sei noch ein Punkt genannt, der uns immer wieder zugetragen wird: Die Hündin soll mindestens ein Mal Junge bekommen, bevor sie kastriert wird. Angeblich dient dies dazu, dass ihr Muttertrieb befriedigt würde. Aus logischer Sicht stellt sich die Sache allerdings genau umgekehrt dar: Mit einer herbeigeführten Trächtigkeit und anschließenden Mutterschaft wird der Muttertrieb überhaupt erst geweckt. Warum sollte die Hündin etwas vermissen, was sie nie kennen gelernt hat?! Hatte sie jedoch schon einmal Junge, wird sie dieses Gefühl viel wahrscheinlicher vermissen, als wenn ihr diese Erfahrung fehlt. Zumindest, wenn sie die Mutterschaft positiv erlebt hat.

Wer selbst oder – wie häufig angeführt – mit den Kindern der Familie den Vorgang von Geburt und Jungenaufzucht miterleben und helfen möchte, Welpen verantwortungsvoll auf ein gutes Leben vorzubereiten, der sei darauf hingewiesen, dass es im Tierschutz Hunderte von trächtigen Hündinnen gibt, die ihren Nachwuchs bei Hitze oder Kälte, Dauerregen oder sonstigen ungünstigen Witterungsbedingungen auf der Straße, in der Nähe einer Müllkippe, in selbst gegrabenen, staubigen Erdlöchern, Auffanglagern oder anderen unschönen Orten großziehen müssen. Sie haben Hunger, werden vertrieben, müssen dann für sich und ihre Kinder einen neuen sicheren Ort finden, bis ihnen auch dieser wieder streitig gemacht wird. Diese Tiere wären über einen Pflegeplatz bei einer netten Familie sicher sehr froh, bei der sie ihre Welpen ohne ständige Lebensgefahr, Futterknappheit usw. aufziehen könnten.

Leider passen nicht alle Hundehalter gut genug auf, so dass ein ungewollter Deckakt verhindert wird.

Last not least wird häufig behauptet, die Kastration – und somit ein operativer Eingriff – sei überflüssig, wenn man einfach aufpasse, dass es nicht zu einem ungewollten Deckakt kommt. Wie eingangs schon erwähnt, gäbe es bei weitem nicht so viele Welpen, wenn das so einfach klappen würde, weshalb uns eine Kastration sinnvoller erscheint. Häufig fehlt es beim Halter schon an ganz einfachem Basiswissen wie der Frage, wann eine Hündin überhaupt zum ersten Mal läufig wird, zu welchem Zeitpunkt sie dann deckbereit ist – und zu welchem nicht (!), wie der Zyklus verläuft usw.

Deshalb möchten wir uns im folgenden Kapitel mit diesen Fragen beschäftigen.

Die Geschlechtsorgane des Hundes

Bevor wir näher auf das Thema eingehen, hier eine Übersicht der männlichen und weiblichen Geschlechtsorgane:

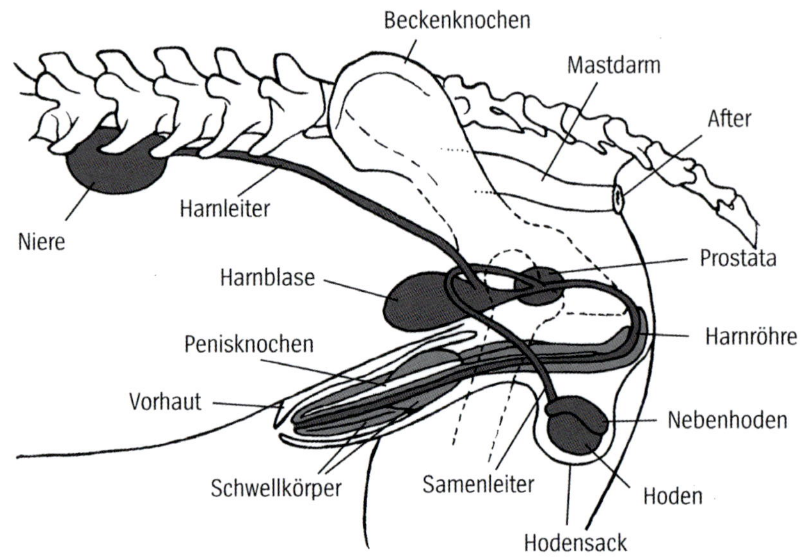

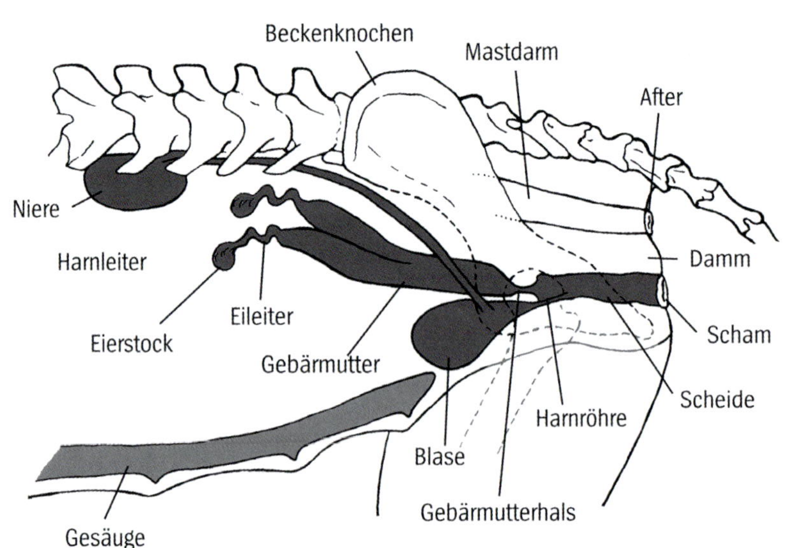

Die Entwicklung der Geschlechtsorgane

Hunde (Canis lupus familiaris) gehören zu den Säugetieren und haben dementsprechend grundsätzlich ähnlich ausgebildete Geschlechtsorgane und auch eine ähnliche Geschlechtsentwicklung wie der Mensch oder viele andere Säugetiere.

Bei beiden Geschlechtern sind die Organe prinzipiell nach demselben Grundplan angelegt und bestehen aus

- den Keimdrüsen oder Gonaden, die die Fortpflanzungszellen produzieren,
- den keimleitenden Wegen, die den Weitertransport der Fortpflanzungszellen gewährleisten
- und den Begattungsorganen (äußere Geschlechtsorgane) oder Gameten.

Im sehr frühen Embryonalstadium haben beide Geschlechter noch die gleiche Grundausstattung. Erst durch den Einfluss der durch Chromosomen bedingt unterschiedlichen Weiterentwicklung in den ersten Wochen der Tragezeit entstehen aus einer gemeinsamen Anlage die je nach Geschlecht verschiedenen Keimdrüsen (Eierstöcke oder Hoden). Dabei entwickeln sich aus der Rinde der Urkeimdrüsen die Eierstöcke und aus dem Mark die Hoden, jedoch sehen beide embryonalen Geschlechter zu diesem Zeitpunkt äußerlich noch völlig gleich aus. Die inneren Geschlechtsorgane bilden in dieser Entwicklungsstufe aber bereits Ureizellen (Oogonien) und Ursamenzellen (Spermatogonien) und – was sehr wichtig für die weitere Entwicklung und Ausdifferenzierung ist – auch bereits unterschiedliche Geschlechtshormone.

Bei den aus den Embryonen entstehenden weiblichen Welpen entwickeln sich aus den Müller'schen Gängen die Eileiter, die Gebärmutter und der obere Teil der Scheide. Beim männlichen Embryo verkümmern die Müller'schen Gänge, stattdessen entstehen hier aus den Wolff'schen Gängen (die wiederum beim weiblichen Embryo verkümmern) die Nebenhoden und die Samenleiter. Aus einem Teil der Kloake (embryonale gemeinsame Austrittsöffnung, wie sie zum Beispiel beim Vogel oder bei Reptilien lebenslang vorhanden bleibt) bilden sich die Harnröhre und die Harnblase sowie der untere Teil der Scheide mit Scheidenvorhof beim weiblichen sowie der Vorsteherdrüse (Prostata) beim männlichen Welpen.

Bis zur sechsten Trächtigkeitswoche sind die äußeren Geschlechtsorgane nahezu komplett ausgebildet und auch bereits klar zu unterscheiden. Lediglich die Hoden sind noch innerhalb des Leistenkanals gelegen und steigen erst nach der Geburt zu ihrem endgültigen Sitz im Hodensack ab.

Die inneren Geschlechtsorgane der Hündin

Die Gonaden oder Keimdrüsen der Hündin sind die beiden kleinen, abgeflachten und etwas unterhalb und paarig hinter den Nieren liegenden Eierstöcke. Sie sind von einer beutelartigen Struktur, dem so genannten Fimbrientrichter oder der Eierstockstasche (Bursa ovarica) umgeben, die die Eierstöcke fast vollständig umschließt. Die Fimbrientrichter münden beidseitig in zwei längliche, schlauchartige Organe, die Eileiter (Ovidukte, Tuben oder auch Salpingen), die über mehrere Zentimeter Länge (je nach Hundegröße und Rasse) in die oberen Teile der zwei Gebärmutterhörner münden. Die paarigen Gebärmutterhörner vereinen sich in einen gemeinsamen Gebärmutterkörper. Dieser Gebärmutterkörper führt über den Gebärmutterhals (Cervix oder auch Muttermund genannt) in den hinteren Teil der Scheide (Vagina). Diese mündet in den äußeren Teil der Geschlechtsorgane, die Schamlippen (Vulva).

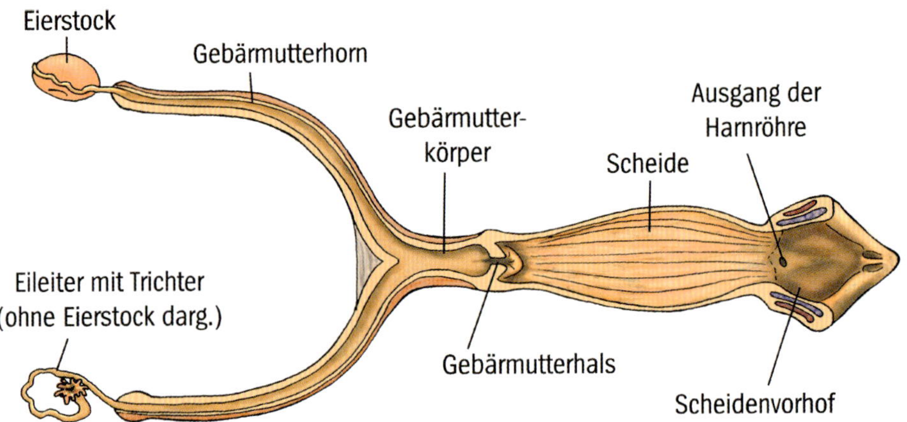

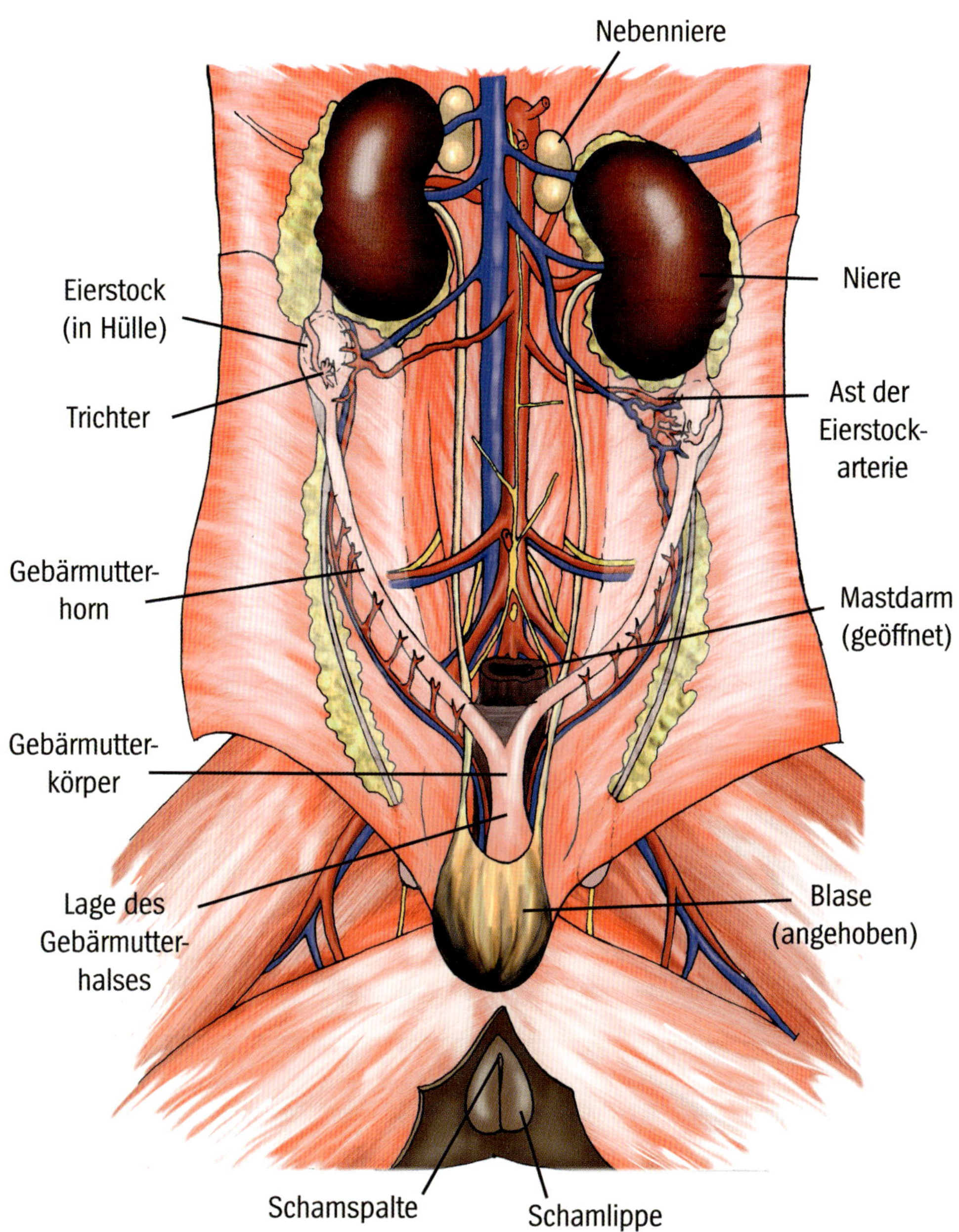
Nebenniere
Eierstock
(in Hülle)
Niere
Trichter
Ast der
Eierstock-
arterie
Gebärmutter-
horn
Mastdarm
(geöffnet)
Gebärmutter-
körper
Lage des
Gebärmutter-
halses
Blase
(angehoben)
Schamspalte
Schamlippe

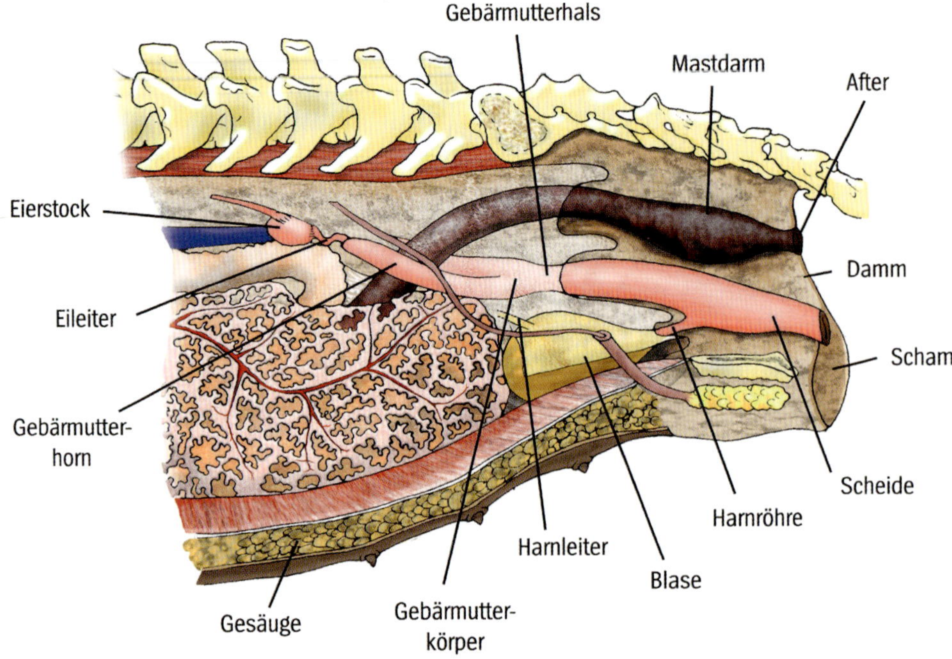

Die äußeren Geschlechtsorgane der Hündin

Dazu zählen der äußere Teil der Scheide mit den sie umgebenden Schamlippen, die ebenso wie die Klitoris (Kitzler) zyklus- und hormonabhängig unterschiedlich groß sein können.

Außerdem zählen auch die Milchdrüsen der Hündin zu den äußeren Geschlechtsorganen der Hündin. Diese sind normalerweise als vier oder fünf Paar Zitzen in zwei meist parallelen Reihen von der Brust bis zu den Leisten ausgebildet. Auch hier kann sich zyklus- und hormonabhängig die Größe sehr stark verändern.

Die Funktion der weiblichen Geschlechtsorgane

Wie der Name schon sagt, dienen die Geschlechtsorgane der Fortpflanzung/ Reproduktion und damit dem Arterhalt. Weiterhin produzieren sie Hormone und Gerüche, die das Verhalten sowohl des betreffenden Hundes beeinflussen als auch das von Artgenossen, die mit diesem Tier zusammenkommen oder seine Geruchshinterlassenschaften wahrnehmen.

Der Zyklus der Hündin

Der Zyklus verläuft bei jeder einzelnen Hündin und auch bei den einzelnen Zyklen einer Hündin sehr unterschiedlich. Generell gibt es aber eine Art modellhaft typischen Ablauf bei der Hündin, der auch meist zutrifft. Der Zyklus der Hündin wird in vier Abschnitte unterteilt:

1. PROÖSTRUS

Dies bezeichnet den Zeitraum zwischen dem ersten sichtbaren Austreten von blutigem Sekret aus der Vulva und dem Einsetzen der Paarungsbereitschaft. In dieser Phase erfolgt an den Eierstöcken (Ovarien) die Reifung der Eier (Follikel). Die Dauer des Proöstrus beträgt 7 – 10 Tage.

2. ÖSTRUS

So wird die Phase der Paarungsbereitschaft benannt. In ihr erfolgt der Eisprung (Ovulation) sowie die Anbildung der Gelbkörper, die zur Aufrechterhaltung einer Trächtigkeit notwendig sind. Auch sie beträgt im Durchschnitt 7 – 10 Tage.

3. METÖSTRUS

Als Metöstrus bezeichnet man die etwa neunwöchige Gelbkörperphase, die an die Zeit der Paarungsbereitschaft anschließt sowie die Reparationsphase der Gebärmutterschleimhaut, die etwa am 140. Tag abgeschlossen ist.

4. ANÖSTRUS

Dies ist die Ruhephase der Gebärmutter, die mehrere Wochen oder auch Monate dauern kann. Anschließend beginnt die nächste Läufigkeit.

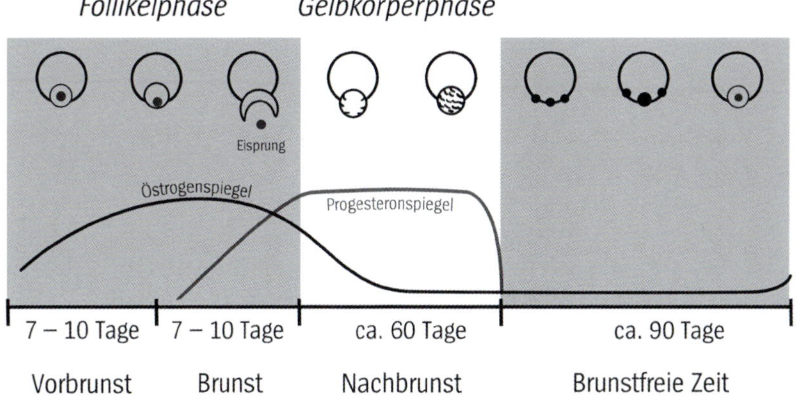

Übersicht des Ablaufs einer Brunstperiode bei der Hündin.

Der Verlauf der Trächtigkeit

Während der Läufigkeit werden im Eierstock mehrere Follikel (Eibläschen) gleichzeitig ausgereift, die aus embryonal angelegten Primärfollikeln über Sekundär- und Tertiärfollikel gebildet werden.

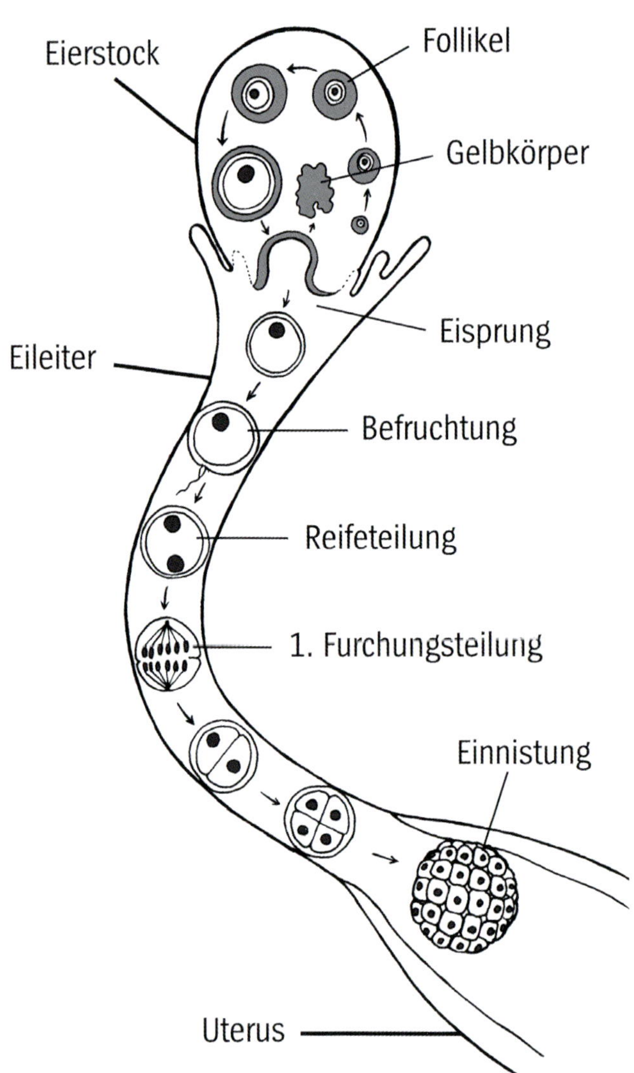

Zum Ende der Läufigkeit findet der Eisprung statt, bei dem meist mehrere Follikel aus den Ovarien in die direkte Umgebung entlassen werden. Da die Eierstöcke fast vollständig von den Eierstockstaschen umschlossen sind, werden diese noch unbefruchteten Follikel in den Eileiter abgeleitet und in der Regel dort befruchtet und wandern dann in die Gebärmutterhörner weiter. Dort nisten sie sich in der hormonell vorbereiteten, gut durchbluteten Gebärmutterwand ein und werden dort zum Embryo. Die Embryonen nehmen Kontakt zur sich ausbildenden Plazenta auf, werden über die Gebärmutterhörner ernährt und wachsen und reifen bis zur Geburt dort aus. Die Geburt findet normalerweise um den 63. – 65. Tag statt. Bei Hunden ist übrigens eine Befruchtung bei mehreren Deckakten möglich, so dass innerhalb eines Wurfes mehrere Väter vorkommen können.

Anatomischer Aufbau der Geschlechtsorgane des Rüden

Die Geschlechtsorgane des Rüden kann man in drei funktionelle Gruppen einteilen:

1. Keimbereitende und keimleitende Organe (Hoden, Nebenhoden und Samenleiter),
2. Akzessorische Geschlechtsdrüsen (Prostata)
3. Begattungsorgan (Penis).

Keimbereitende und keimleitende Organe und Prostata sind genau genommen innere Geschlechtsorgane – denn auch wenn die Hoden, die Nebenhoden und der größte Teil der Samenleiter nach außen gestülpt sind, befinden sie sich anatomisch funktionell immer noch innerhalb der Bauchhöhle in einer nach außen gestülpten Aussackung. Der Penis ist das äußere Geschlechtsorgan des Rüden.

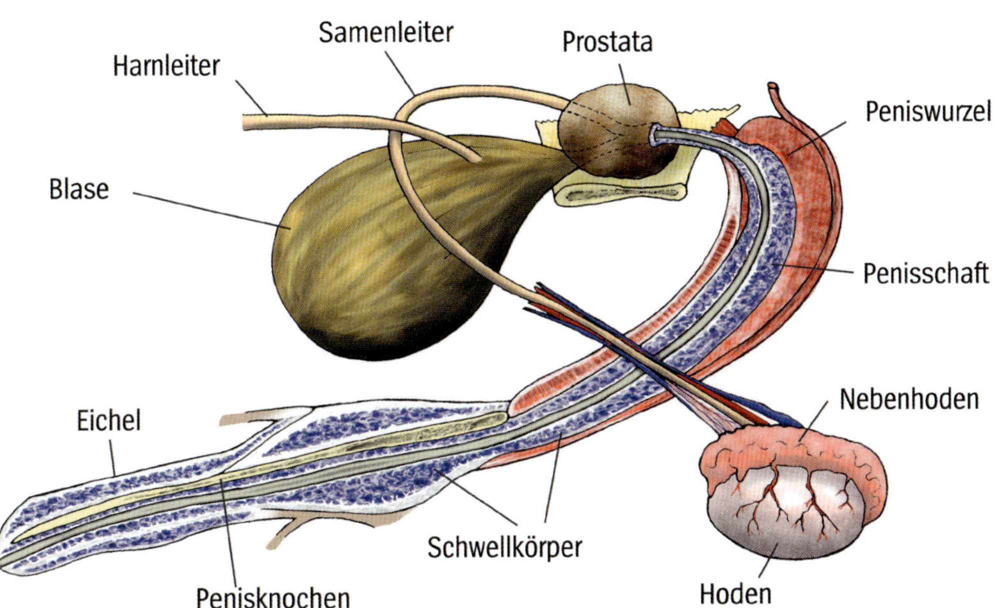

Die inneren Geschlechtsorgane des Rüden

Die Hoden liegen zwischen den Oberschenkeln im Hodensack. Sie sind paarig angelegt und bilden Spermien und männliche Geschlechtshormone. Umgeben werden die Hoden von einer derben Bindegewebsstruktur, die das Hodengewebe unter Druck hält und bei pathologischen Volumenvermehrungen, zum Beispiel bei einer Hodenentzündung, schmerzhaft werden lässt. In den Hoden befinden sich Spermien in vielen unterschiedlichen Entwicklungsstadien der Spermienbildung, die ins Bindegewebe eingelagert sind. Dazwischen liegen die Leydig`schen Zwischenzellen, die das männliche Geschlechtshormon Testosteron produzieren.

Die Spermatogenese (Produktion der Spermien) ist gekennzeichnet durch verschiedene Entwicklungsstadien. Aus der Spermien-Stammzelle, der Spermatogonie, entstehen durch Zellteilung Spermatozyten erster und zweiter Ordnung und aus ihnen Spermatiden. Aus jeder Spermatide entsteht dann durch Umwandlungsprozesse ein Spermium. Dafür werden in den Hodenkanälchen als Ammenzellen die Sertoli-Zellen benötigt, die die Keimzellen ernähren und auch die weiteren Entwicklungsstadien vor dem körpereigenen Immunsystem schützen. Die fast ausgereiften Spermien gelangen durch das Mediastinum testis in den Nebenhoden, wo sie nachreifen, um dann befruchtungsfähig zu werden. Dabei entsteht die Vorwärtsbeweglichkeit.

Der Prozess der Spermatogenese läuft kontinuierlich und stetig in allen Hodenkanälchen ab, so dass permanent reife Spermien gebildet werden. Die Spermienbildung beim Rüden dauert ca. 65 Tage, weshalb ein Rüde auch einige Zeit nach der Kastration noch befruchtungsfähig ist. Dies bedeutet aber auch, dass die Spermien noch bis zu sechs Wochen nach Medikamententherapie (Chemotherapie, Kortison, Antibiose, Pilzpräparate) oder fiebriger Krankheit belastet sind. Aus dem Nebenhoden werden die gereiften Spermien über den Samenleiter in die Harnröhre geleitet.

Die Prostata mündet als akzessorische Geschlechtsdrüse ebenfalls in die Harnröhre. Der Prostatakörper weist einen linken und einen rechten Anteil oder Lappen auf. Ihre Ausführungsgänge münden – ebenso wie die Samenleiter – direkt in die Harnröhre. Die in der Prostata gebildete Flüssigkeit (Sekret) mischt sich in der Harnröhre mit den Samenzellen zum so genannten Ejakulat oder Sperma. Das Prostatasekret sorgt für die Ernährung der Samenzellen und regt diese zur Bewegung an. Es stellt den größten Anteil des Ejakulats dar.

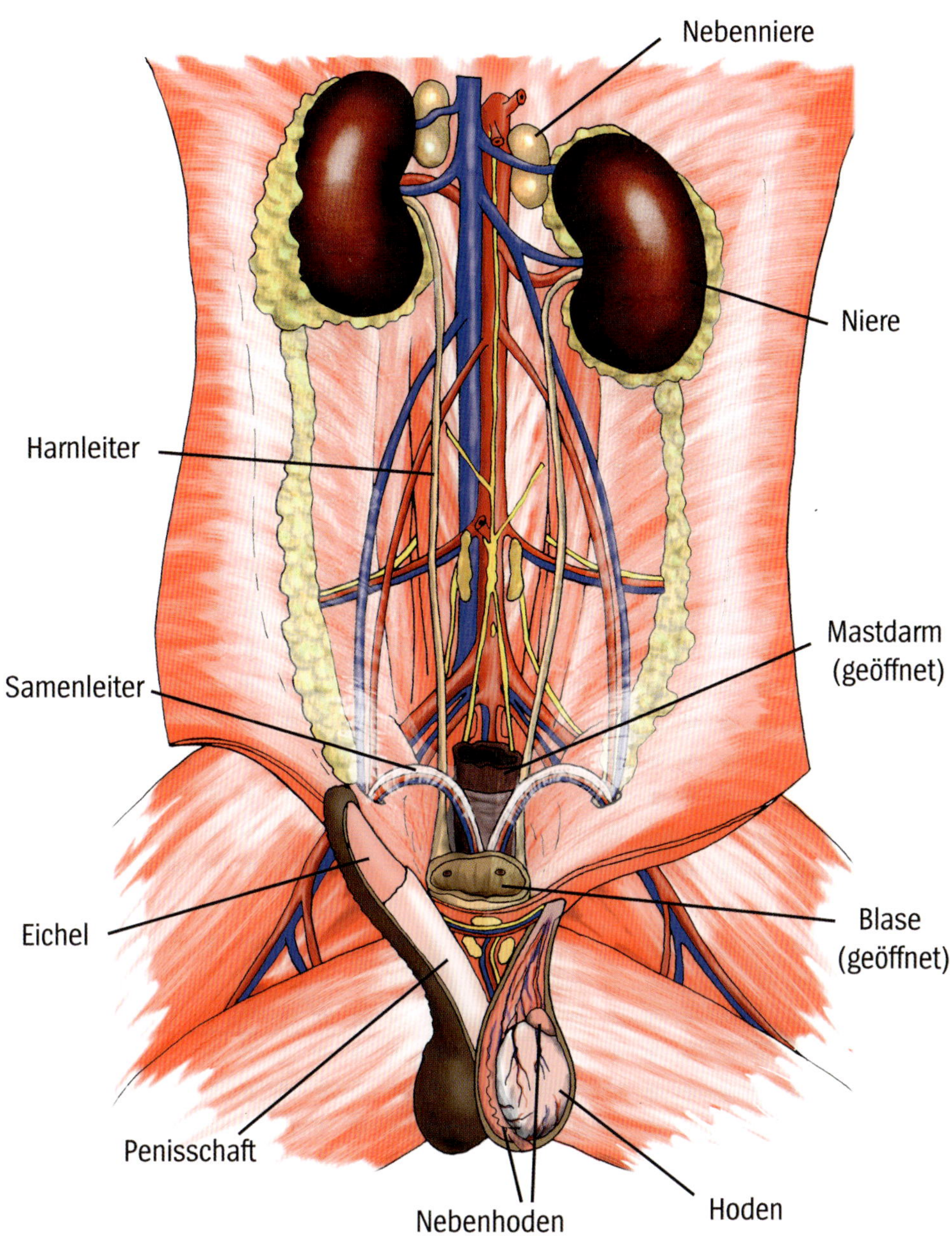
Nebenniere
Niere
Harnleiter
Mastdarm
(geöffnet)
Samenleiter
Eichel
Blase
(geöffnet)
Penisschaft
Nebenhoden
Hoden

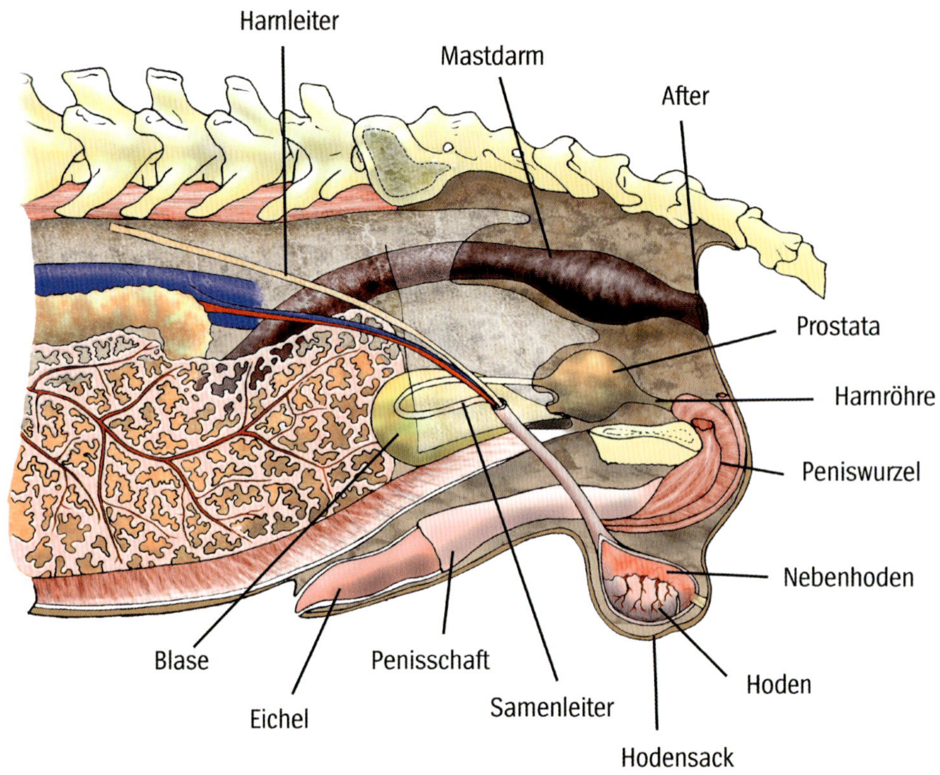

Die äußeren Geschlechtsorgane des Rüden

Der Penis des Rüden beginnt am unteren Beckenausgang, setzt sich mit dem Peniskörper fort und endet mit der Eichel im Bereich des Nabels. Die Eichel des Hundes ist mit einem relativ langen und schlanken Vorderteil und einem verdickten hinteren Teil (Schwellknoten) recht auffällig geformt und wird von dem Penisknochen (der ohne Verbindung zum Skelett ist) getragen. Diese besondere Form der Eichel ist für das „Hängenbleiben" von Rüde und Hündin während der Begattung verantwortlich, wobei gewaltsames Trennen der Tiere zu erheblichen Verletzungen in den Genitalbereichen führen kann. Das Penisende wird von der Vorhaut bedeckt.

Kastration und Sterilisation, Operationstechniken und Nachsorge

Hat man sich zu einer Operation des eigenen Hundes entschlossen, sollte man sich mit dem Tierarzt seines Vertrauens über die Frage der Operationstechnik und über eine gute Nachsorge unterhalten. Bevor wir uns mit diesen Themen beschäftigen, möchten wir aber zunächst mit ein paar Begriffsdefinitionen beginnen, denn häufig werden zum Beispiel die Begriffe Kastration und Sterilisation falsch verwendet bzw. auch nicht wirklich verstanden.

Die Kastration

bezeichnet ein Entfernen der Keimdrüsen, also in diesem Fall der Hoden oder Eierstöcke. In der Regel wird dieser Begriff richtig für den Eingriff beim Rüden verwendet, allerdings spricht man auch bei der Hündin von einer Kastration, wenn die Eierstöcke (mit oder ohne Gebärmutter) entfernt werden.

Der Geschlechtstrieb erlischt, die Hündin wird nicht mehr läufig, der Rüde ist nicht nur zeugungsunfähig, sondern in der Regel auch nicht mehr interessiert an läufigen Hündinnen. Eine Ausnahme stellen Rüden dar, die schon gedeckt haben und auch nach einer Kastration durchaus noch interessiert an läufigen Hündinnen sind, vor allem wenn diese in die so genannte Stehzeit kommen. Einige Rüden vollziehen auch nach der Kastration noch den vollständigen Deckakt – nur eben ohne Erfolg. Bei der Hündin sind keine Fälle bekannt, bei denen noch ein sexuelles Interesse nach sauber durchgeführter Kastration bestand.

Die Sterilisation

bezeichnet ein Unterbinden oder Durchtrennen der keimleitenden Wege, also in diesem Fall Eileiter oder Samenleiter. Der Begriff wird fälschlicherweise für die Kastration der Hündin verwendet.

Der Sexualtrieb und -zyklus eines sterilisierten Hundes bleibt voll erhalten, die Hündin wird läufig, kann und will sich verpaaren, ebenso wie der Rüde den Deckakt vollziehen kann und will. Lediglich das *erfolgreiche* Decken wird verhindert.

Allerdings birgt diese Operationstechnik das Risiko, dass sich die Ligatur lösen kann und Samen- bzw. Eileiter wieder durchlässig für die Spermien bzw. Follikel (Eibläschen) sind. Oder, falls nicht abgebunden, sondern durch Schnitt durchtrennt wurde, dass die Enden der Samen- bzw. Eileiter wieder zusammenwachsen und das Tier dann ebenfalls wieder aufnehmen kann. Deshalb wird diese Methode auch so gut wie nie angewandt.

Die Ovarektomie/ OE

bezeichnet die chirurgische Entfernung der Eierstöcke. Diese Operationstechnik wird bei der Hündin vor der ersten Läufigkeit häufig als Methode der Wahl empfohlen und danach als eine Technik oder Möglichkeit diskutiert. Jedoch besteht ein gewisses Risiko, dass in Zyklusphasen, in denen Progesteron von der Gebärmutter gebildet wird, die Gebärmutter eigenständig hormonell reagiert und dies zu zystischen und entzündlichen Gebärmutterveränderungen führen kann. Dieses Risiko ist insbesondere während der Scheinträchtigkeit gegeben. Aber auch wenn nicht während der Scheinträchtigkeit kastriert wurde, besteht das Risiko, dass die Gebärmutterwand kontinuierlich weiter Progesteron produziert und die Hündin somit für Rüden interessant riecht bzw. von Hündinnen als hormonell abnormal behandelt wird. Die Halter sind oft ratlos, weil sie nicht verstehen, weshalb andere Hunde so heftig auf die durch Kastration doch eigentlich neutralisierte Hündin reagieren. Deshalb empfehlen wir, einer Hündin, die bereits läufig war, auch die Gebärmutter zu entfernen.

Die Ovarhysterektomie/ OHE

bezeichnet die chirurgische Entfernung der Eierstöcke und der Gebärmutter. Diese Methode wird bei der Hündin weltweit am häufigsten durchgeführt und gilt als die Standard-Operationstechnik.

Der normale Verlauf der Kastration bei der Hündin

Zunächst findet ein Beratungstermin statt, der mit einer Vorstellung der Hündin beim Tierarzt mit einer kurzen klinischen Untersuchung mit dem Schwerpunkt auf den Herz-Kreislauforganen und den Fortpflanzungsorganen beginnt und dann eine Einschätzung des Zyklusstandes, der Vorgeschichte des Hundes, seines Alters und seiner Narkosefähigkeit beinhalten sollte. Wichtig ist hier zu klären, dass sicher nicht innerhalb von drei

Wochen vor oder nach der Läufigkeit und nicht während der Läufigkeit kastriert wird, da in dieser Phase hormonell bedingt eine höhere Durchblutung der inneren weiblichen Geschlechtsorgane zu mehr Blutverlust und anderen Komplikationen führen kann. Zusätzlich ist die Psyche der Hündin durch die in dieser Phase starken hormonellen Schwankungen sensibilisiert, weshalb die Operation und anschließende Nachbehandlung von ihr emotional belastender empfunden werden kann als zu einem anderen Zeitpunkt.

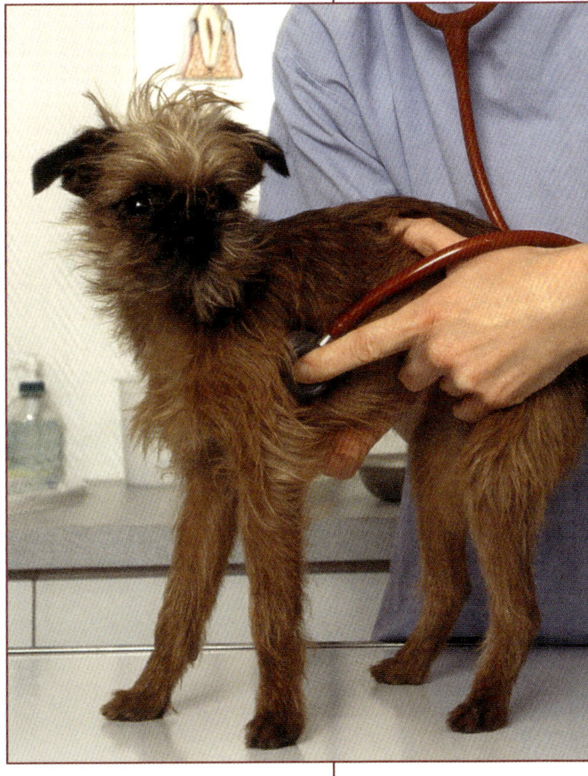

Vor der Operation sollte die Hündin gründlich untersucht werden.

Danach sollte eine ausführliche Erklärung des geplanten Operationsgeschehens und eine ausführliche Besprechung der Pro- und Contra-Argumente individuell für jeden Patienten stattfinden. Idealerweise sollte dies nicht direkt am OP-Tag oder am Telefon stattfinden, da manchmal Daten fehlen oder noch Bluttests oder andere Untersuchungen (Labor, Ultraschall oder Röntgen) durchgeführt werden müssen und auch die Möglichkeit von „nochmals darüber Nachdenken“ beziehungsweise weiteren Rückfragen danach gegeben sein sollte.

Erst danach findet eine Terminvereinbarung für die eigentliche Operation statt. Die Hündin sollte nüchtern zur Narkose erscheinen, also ca. acht bis zwölf Stunden ohne Futter und ca. vier bis sechs Stunden ohne Wasseraufnahme sein.

Die Operationsvorbereitung

Der Eingriff erfolgt immer unter Vollnarkose. Die Narkoseeinleitung sollte möglichst mit dem Halter im Raum anwesend durchgeführt werden, weil dies dem Hund Sicherheit gibt. Er fühlt sich nicht in einer beängstigenden Situation allein gelassen, sondern vom Halter emotional unterstützt.

Die Narkose wird fast immer über eine intravenöse Injektion eingeleitet, bei wehrhaften Hunden kann eine intramuskuläre oder subcutane Injektion verwendet werden. Danach erfolgt der Transport in den OP-Vorbereitungsraum, wo normalerweise die Intubation (Einbringen und Befestigen eines Tubus in die Luftröhre) und die „Verkabelung“ (Anschließen des Monitorings und der Infusionslösung) stattfindet. Schon jetzt sollte die Schmerztherapie beginnen, damit sie in der Aufwachphase bereits greift. Daran schließt sich die medizinische OP-Vorbereitung an: Haare rasieren, Wunddesinfektion, aseptische OP-Vorbereitung des Patienten und des OP-Personals. Anschließend folgt der Weitertransport in den sterilen OP-Raum. Die Hündin wird auf dem Rücken liegend mit dem Bauch nach oben auf dem Tisch fixiert.

Die Ovarektomie (OE)

Normalerweise erfolgt die Operation über einen knapp hinter dem Bauchnabel beginnenden und nach hinten gehenden Hautschnitt, der je nach Chirurg und Patient zwischen 2 und 8 bis 10 cm lang ist. Danach wird das Binde- und Fettgewebe oberhalb der so genannten Linea alba (weißlich schimmernde Narbenlinie, die der embryonale Wachstumszusammenschluss des Bauches ist und als blut- und nervengefäßfreie Narbe eine ideale Eintrittspforte in den Bauchraum darstellt) wegpräpariert. Dann wird über einen Schnitt durch die Linea alba der Bauchraum eröffnet. Es wird zunächst einer der beiden Eierstöcke dargestellt und dann oberhalb des Eierstocks der Aufhängeapparat samt der sich darin befindlichen Blut- und Nervenbahnen ligiert (chirurgisch abgebunden). Danach wird das gleiche Procedere am anderen Eierstock durchgeführt. Dabei ist unbedingt zu kontrollieren, dass kein Eierstocksgewebe oberhalb der Ligationsstelle zurückbleibt, denn passiert das, produziert dieses im Bauchraum zurückgelassene Gewebe unweigerlich weiterhin weibliche Hormone. Das führt dazu, dass die Hündin auch weiterhin einen Zyklus durchläuft. Sie bleibt saisonal für Rüden interessant, zeigt alle Anzeichen einer Läufigkeit, wenn auch oft in abgeschwächter Form. Aller-

> **!** Während der Operation ist unbedingt zu kontrollieren, dass kein Eierstocksgewebe oberhalb der Abbindung zurückbleibt, denn passiert das, produziert dieses im Bauchraum zurückgelassene Gewebe unweigerlich weiterhin weibliche Hormone. Das führt dazu, dass die Hündin auch weiterhin einen Zyklus durchläuft. Sie bleibt saisonal für Rüden interessant, zeigt alle Anzeichen einer Läufigkeit, wenn auch oft in abgeschwächter Form. Es kann sogar zu Blutungen kommen, obwohl die Hündin als kastriert gilt. Eine Nachoperation, um das residuale Eierstocksgewebe zu finden und nachträglich zu entfernen, ist extrem aufwändig und nicht immer von Erfolg gekrönt, so dass die Hündin (und ihre Halter) lebenslänglich mit dem Problem leben müssen. Abgesehen davon, dass eine zweite Narkose und Bauchhöhlenoperation nötig wird, die normalerweise schwieriger ist und länger dauert. Für diese Hündinnen besteht auch ein erhöhtes Risiko von Mammatumoren und Pyometra (Gebärmutterentzündung).

dings kann es sogar zu Blutungen kommen, obwohl die Hündin als kastriert gilt. Eine Nachoperation, um das residuale Eierstocksgewebe zu finden und nachträglich zu entfernen, ist extrem aufwändig und nicht immer von Erfolg gekrönt, so dass die Hündin (und ihre Halter) lebenslänglich mit dem Problem leben müssen. Abgesehen davon, dass eine zweite Narkose und Bauchhöhlenoperation nötig wird, die normalerweise schwieriger ist und länger dauert. Für diese Hündinnen besteht auch ein erhöhtes Risiko von Mammatumoren und Pyometra (Gebärmutterentzündung).

Bei der reinen Eierstocksentfernung (OE oder Ovarektomie) wird dann unterhalb des Eierstocks nochmals beidseitig ligiert und anschließend der Bauch verschlossen.

Die Ovarhysterektomie (OHE)

Bei der so genannten „Totaloperation" (OHE oder Ovarhysterektomie) wird entlang der beiden Uterus-(Gebärmutter-)hörner nach hinten bis zum Gebärmuttermund (Cervix) unter Schonung der Blutgefäße das Haltegewebe abpräpariert. In der Cervix erfolgt eine nochmalige Abbindung des Gebärmutterschlauches und nach der Abtrennung die Entnahme der Gebärmutter samt Eierstöcken.

Der Bauchraum wird durch ein meist fortlaufendes Vernähen der Linea alba mit sich selbst auflösenden Fäden durchgeführt. Dann wird die Unterhaut mit etwas dünneren, ebenfalls selbstauflösenden Fäden adaptiert. Zum Hautverschluss verwendet man ebenfalls meist selbstauflösende Fäden und eine so genannte Intracutannaht, bei der die Fäden von außen unsichtbar innerhalb der Haut geführt werden, was außer der optisch sehr schönen Naht auch das Risiko, durch Belecken der Naht zu schaden, drastisch reduziert und Verbände und Halskrausen fast überflüssig macht. Dies ist vor allem für den Hund viel angenehmer, aber auch für den Halter.

Der endoskopische Eingriff

Wenn die Operation als endoskopischer Eingriff durchgeführt wird, erfolgt immer eine Ovarektomie (OE). Diese wird durch drei jeweils 1 bis 1,5 cm große Zugänge entlang der Linea alba durchgeführt, dabei wird unter gleicher Narkose und Vorbereitung wie zur traditionellen Bauchoperation jeweils ein kleiner Hautschnitt mit dem Skalpell gemacht, die Unterhaut abpräpariert und dann die Bauchdecke durchstoßen. Es werden drei sterile Röhren in den Bauchraum geführt, durch die das weitere Arbeiten möglich ist, nachdem der Bauch mit Gas aufgeblasen wurde, um eine bessere Sichtdarstellung zu ermöglichen. Ein Arbeitskanal enthält die Lichtquelle und die anderen zwei enthalten die zur Operation benötigten Instrumente. Die Eierstöcke werden freipräpariert und beidseitig unterhalb und oberhalb mittels einer Hitzeschneidetechnik durchtrennt. Nach Entfernung der Arbeitsgeräte, Lichtquelle und Schutzhüllen wird der Bauchraum, die Unterhaut und die Haut an allen drei Stellen jeweils über Nähte verschlossen.

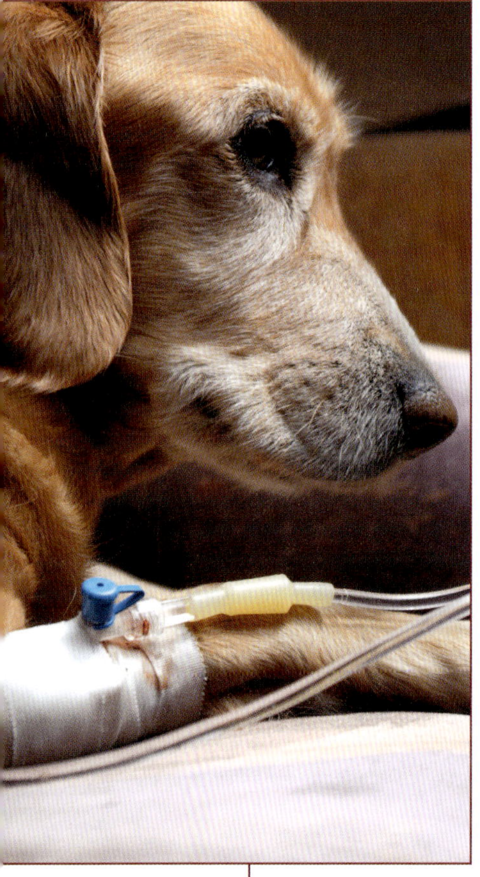

Die Betreuung nach der Operation

Die Hündin kommt dann wieder in den Raum, in dem die Operation vorbereitet wurde. Jetzt erfolgt die Ausleitung des Narkosegases durch reine Sauerstoffgabe. Wenn die Hündin wach wird, wird das Monitoring entfernt, extubiert (der Tubus gezogen) und ein Antibiotikum gegeben. Die Schmerztherapie erfolgt über den Dauertropf, der noch im Aufwachraum bis zum Abholen durch den Halter oder dem vollständigen Erwachen weiterläuft. Bei unkooperativen Patienten können Schmerztherapie und Antibiose auch gleich per Spritze erfolgen und die Infusionsnadel gezogen werden.

Die Ausschlafphase, bis die Schutzreflexe zur Nachhausefahrt wiederhergestellt sind, dauert ca. zwei bis vier Stunden. Dann kann die Hündin mit den Haltern nach Hause fahren. Davor wird noch die Braunüle der Infusion gezogen. Wir finden es wünschenswert, den Halter in dieser Phase bei seinem Hund zu haben, damit er diesem durch die vertraute Anwesenheit Sicherheit vermittelt. Es sei aber nicht unerwähnt, dass dies nur Sinn macht, wenn der Halter wirklich Ruhe und Gelassenheit ausstrahlt.

!

Besonders wichtig ist es, in der Aufwachphase und den sechs bis acht Stunden danach darauf zu achten, dass das Tier vor grellem Licht und/ oder lauten Geräuschen geschützt wird, da das Narkosemittel für eine erhöhte Sensibilität gegenüber diesen Reizen sorgt. Zusätzlich sollte man auf eine angenehm temperierte Umgebung achten, da der muskelrelaxierte Körper des Tieres noch nicht die vollständige Temperaturregelungsfähigkeit hat.

Zur Nachsorge sollte die Hündin ein bis zwei Tage ruhig gehalten werden und noch für ca. fünf Tage Antibiose und Schmerzmittel erhalten. Wasser kann sofort zu Hause bereitgestellt werden, Futter meist schon nach acht bis zwölf Stunden, in jedem Fall aber erst, wenn der Schluckreflex wieder voll funktionstüchtig ist.

Die Schmerztherapie

Der Schmerztherapie kommt eine besondere Bedeutung zu, denn für den operierten Hund kann der Eingriff zum Trauma werden, wenn er dabei erhebliche Schmerzen erleidet. In den ersten Tagen nach dem Eingriff sollte auf neue Sozialkontakte mit Artgenossen oder wildes Toben und Spielen mit bereits bekannten unbedingt verzichtet werden, denn das heilende Gewebe, insbesondere der inneren Bauchwunde, hat noch nicht seine volle Elastizität und Belastbarkeit, wodurch es zu Komplikationen beim Heilungsprozess kommen kann. Die Hautwunde kann darüber hinaus unter starkem Druck platzen. Zusätzlich kann es zu unerwünschten Lernverknüpfungen in der Begegnung mit Artgenossen kommen, wenn der Hund ein freundliches Begrüßungsritual oder freudiges Spiel einleitet und dabei Schmerzen empfindet.

Die teilweise immer noch vertretene Meinung, es sei besser, dem Tier kein Schmerzmittel zu verabreichen, weil es sich dann mehr schone, ist aus Sicht der modernen Schmerztherapie unhaltbar. Im Gegenteil soll unter allen Umständen das Ausbilden eines Schmerzgedächtnisses verhindert werden, denn die durch Schmerzen und Schmerzgedächtnis erzeugten Fehlhaltungen bedingen erneut körperliche Probleme, die mit Schmerzen einhergehen. Darüber hinaus ist es eine Frage der Ethik und des Tierschutzgedankens, den Hund nicht unnötig leiden zu lassen.

Ob Ihr Hund Schmerzen hat, können Sie an folgendem Ausdrucksverhalten erkennen:

- Aufschreien (bei plötzlich auftretendem Schmerz oder der Angst vor dem Schmerz aus der Erinnerung)
- Stöhnen, Winseln
- Augen werden halb geschlossen
- Zittern (oftmals in sog. Zitterwellen)
- Hecheln und Schwitzen
- beschleunigte Atmung
- flache Atmung
- Schonhaltung/ Entlastung der betreffenden Körperpartien

Halstrichter/ Halskragen

Bei guter Nahttechnik und adäquater Schmerztherapie ist es in den meisten Fällen nicht notwenig und auch nicht sinnvoll, den Hund einen Kragen tragen zu lassen, der das Belecken der Wunde verhindern soll. Man sollte bedenken, dass es für die meisten Hunde eine erhebliche Belastung darstellt, mit einem solchen Fremdkörper um den Kopf herumzulaufen.

Das Tragen eines Plastiktrichters belastet den Hund und ist in der Regel nicht nötig.

Vollkommen abraten möchten wir vom Gebrauch der so genannten Tröte, also dem altmodischen Plastiktrichter, der die Kommunikationsmöglichkeiten des Hundes erheblich einschränkt und eine freie Futter- und Wasseraufnahme und eine normale Körperpflege behindert. Darüber hinaus kann es insbesondere für ängstliche oder schreckhafte Hunde zum Trauma werden, mit diesem Fremdkörper um den Kopfbereich überall lautstark anzustoßen und hängen zu bleiben. Auch die Begegnung mit Artgenossen kann sich als schwierig erweisen, wenn sie einem Hund begegnen, der aussieht, als hätte er einen Astronautenhelm um den Kopf. Sollte also ein Schutz unbedingt nötig sein, sollte man lieber einen mit Schaumstoff befüllten Halskragen einsetzen oder dem Hund ein T-Shirt oder den im Fachhandel erhältlichen, speziell der Größe des Hundes angepassten Body anziehen. Aus unserer Erfahrung benötigen aber etwa 90 % der Hunde diese Maßnahmen nicht, was für Hündin und Rüde gleichermaßen gilt.

Ein Schaumstoffkragen oder ein OP-Body sind sinnvolle und bequeme Alternativen zur „Tröte".

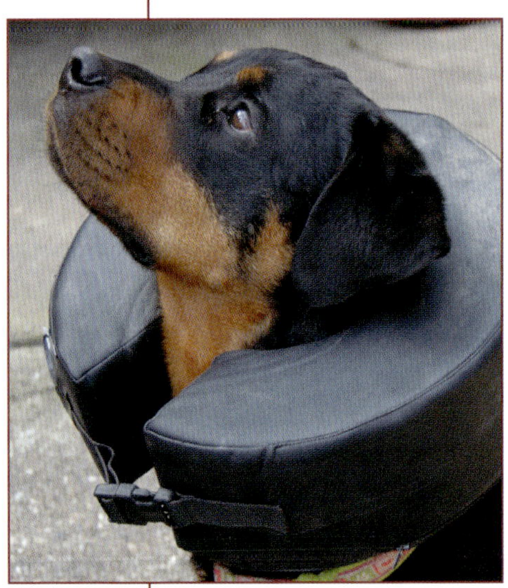

Der normale Verlauf der Kastration beim Rüden

Wie bei der Hündin findet zunächst ein Beratungstermin statt, der idealerweise mit einer Vorstellung des Rüden beim Tierarzt und einer kurzen klinischen Untersuchung mit dem Schwerpunkt auf den Herz-Kreislauforganen und den Fortpflanzungsorganen beginnt und dann eine Einschätzung der Vorgeschichte des Hundes, seines Alters und seiner Narkosefähigkeit beinhalten sollte. Danach sollte eine ausführliche Erklärung des geplanten OP-Geschehens und eine detallierte Besprechung der Pro- und Contra-Argumente individuell für diesen Patienten stattfinden. Am besten sollte diese Beratung nicht direkt am OP-Tag oder am Telefon durchgeführt werden, da manchmal Daten fehlen oder noch Bluttests oder andere Untersuchungen (Labor, Ultraschall oder Röntgen) durchgeführt werden müssen. Außerdem sollte für den Halter die Möglichkeit gegeben sein, „noch mal drüber zu schlafen" und ggf. weitere Rückfragen zu stellen. Erst danach wird ein Termin für die Operation vereinbart.

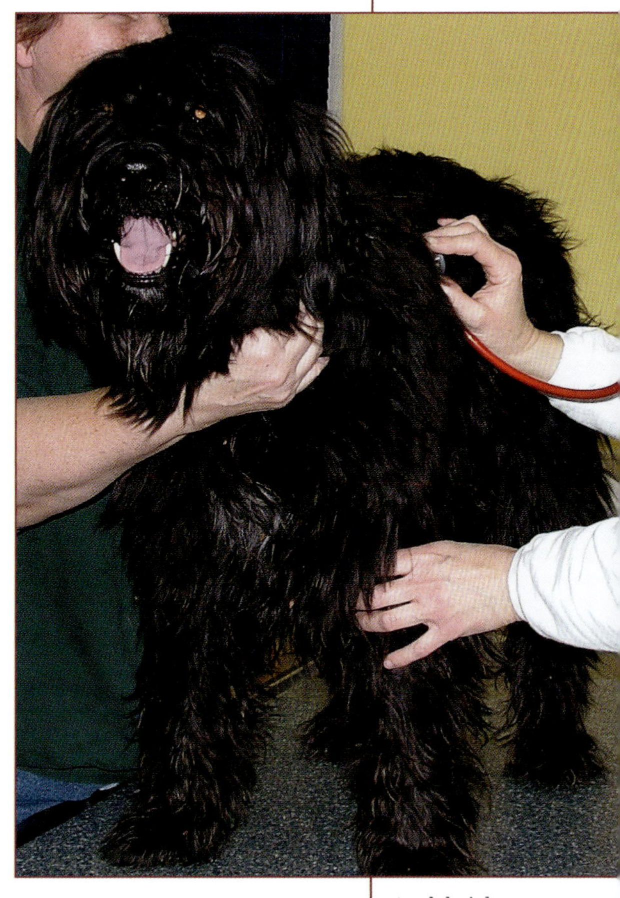

Auch bei der Kastration des Rüden steht eine gründliche Untersuchung vor Narkoseeinleitung und Operation.

Der Rüde sollte nüchtern zur Narkose erscheinen, also ca. acht bis zwölf Stunden ohne Futter und ca. vier bis sechs Stunden ohne Wasseraufnahme sein. Der Eingriff wird immer unter Vollnarkose durchgeführt. Die Narkose sollte möglichst mit dem Halter im Raum anwesend eingeleitet werden. Sie findet fast immer über eine intravenöse Injektion statt. Danach erfolgt der Transport in den OP-Vorbereitungsraum, wo normalerweise die Intubation (das Einbringen und Befestigen eines Tubus in die Luftröhre) und die „Verkabelung" (Anschließen des Monitorings und der Infusionslösung) stattfindet. Hier beginnt auch schon die Schmerztherapie, damit diese später in der Aufwachphase bereits greift. Danach erfolgt die medizinische OP-Vorbereitung: Haare rasieren, Wunddesinfektion, aseptische OP-Vorbereitung des Patienten und des OP-Personals. Anschließend folgt der Weitertransport in den sterilen OP-Raum, wo der Rüde auf dem Rücken liegend auf dem Tisch fixiert wird.

Der Hautschnitt erfolgt ein bis zwei Zentimeter mittig vor den Hoden, da diese Schnittstelle am besten vor postoperativen Läsionen geschützt ist – weit weg von Kot- und Urinabsatz und außerhalb des Sitzbodenkontaktes. Der Schnitt muss groß genug sein, um die zu entfernenden Hoden durch zu lassen. Das Fett- und Bindegewebe wird zur Seite präpariert und dann der innere Hodensack samt Hoden vorgelagert. Bei der von uns bevorzugten „offenen" Kastration wird dieser innere Hodensack eröffnet, der Hoden vorgelagert und freipräpariert. Dann wird oberhalb des Hodens und Nebenhodens die direkt nebeneinander laufenden Blutgefäße, der Samenleiter und das Aufhängeband ligiert (chirurgisch abgebunden). Vorteil dieser Technik ist, dass die Gefäße direkt unter Sichtkontrolle abgebunden werden können. Danach wird der innere Hodensack mit auflösbaren Fäden verschlossen und die gleiche Prozedur mit dem zweiten Hoden durchgeführt. Der äußere Hodensack (Skrotum) bleibt dabei unberührt, da seine derben Hautschichten schlecht heilen. Die früher angewandte Methode, ihn zu eröffnen, um an die Hoden zu kommen, gilt deshalb als veraltet. Auch die von manchen Tierärzten praktizierte Entfernung des gesamten Hodensacks halten wir, sofern er nicht verletzt oder krankhaft verändert ist, für nicht sinnvoll. In den 80er Jahren wurde dazu die These vertreten, die Entfernung sei deshalb sinnvoll, weil sich im leeren Hodensack Bakterien bilden würden, die dafür sorgen, dass der kastrierte Rüde interessant für Artgenossen riecht. Diese These war aber nicht haltbar. Leider sehen wir trotzdem immer wieder Rüden, die auf diese Art und Weise kastriert wurden und erst kürzlich einen, bei dem der Hodensack so weit weggeschnitten wurde, dass die Wundränder auf Spannung wieder zusammengenäht wurden. Der betroffene Rüde versuchte durch die verursachten Schmerzen tagelang, ein Reißen der Naht durch Entlastungshaltung zu verhindern, am vierten Tag platzte die Naht jedoch endgültig und konnte nicht wieder vernäht werden, weil einfach nicht genug Hautmaterial zur Verfügung stand. So blieb nichts anderes übrig, als ihn gut abgedeckt mit Schmerzmittel und Antibiose in die sekundäre Wundheilung zu entlassen, bei der der Körper das Gewebe von sich aus wieder zubildet. Ein Prozess, der Wochen, sogar Monate dauern kann.

Bei der „geschlossenen" Technik wird der innere Hodensack etwas weiter nach oben freipräpariert und dann eine Ligatur (Abbindung) über den Hodensack, die Blutgefäße, den Samenleiter und das Aufhängeband gesetzt. Das gleiche Procedere beim zweiten Hoden. Vorteil ist bei dieser

Technik, dass die Bauchhöhle weniger offen ist, Nachteil ist die schlechtere Darstellung der Gefäße und der weniger direkte Druck der Fadenabbindung. Beide Techniken funktionieren aber seit vielen Jahrzehnten gleichermaßen gut, so dass es eher eine persönliche Präferenz des ausführenden Chirurgen ist, welche er wählt.

Der Wundverschluss erfolgt durch eine Unterhautnaht mit selbstauflösenden Fäden. Die anschließende Hautnaht wird meist als Intracutannaht durchgeführt, bei der die Fäden von außen unsichtbar innerhalb der Haut geführt werden, was außer der optisch sehr schönen Naht auch das Risiko durch Belecken der Naht durch den Hund drastisch reduziert und Verbände und Halskrausen oft überflüssig macht. Dies ist vor allem für den Hund viel angenehmer, aber auch für den Halter.

Die Nachsorge und Schmerztherapie ist identisch wie bei der Hündin. Bitte lesen Sie hierzu unbedingt die entsprechende Beschreibung bei der Hündin durch.

!

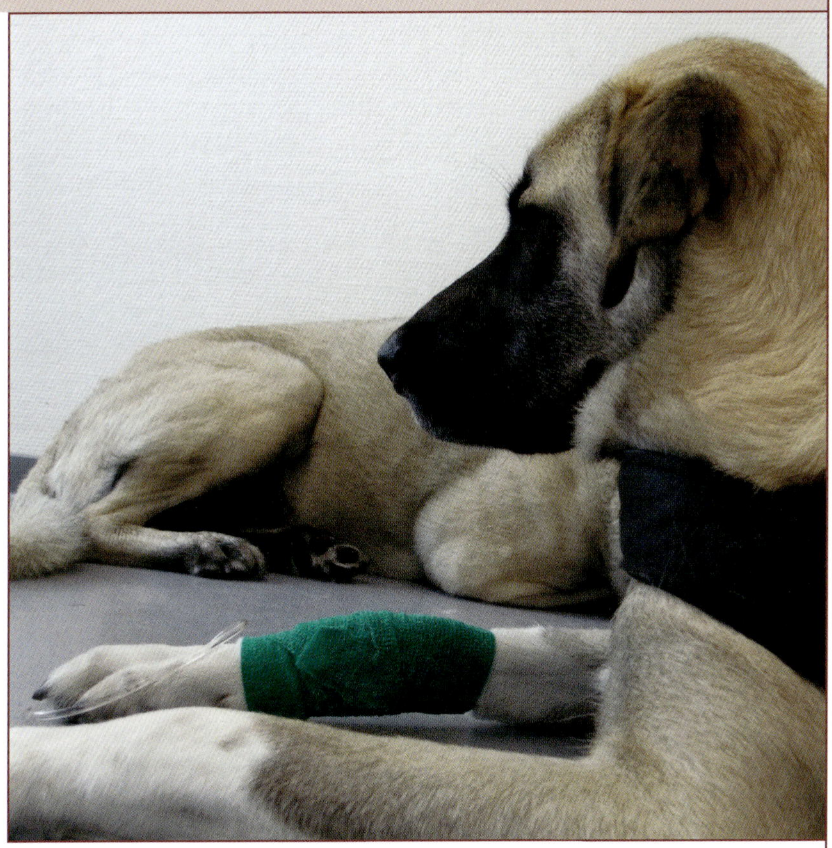

Medizinische Indikationen für OHE/ OE/ Kastration

Bei den so genannten elektiven Eingriffen, also Operationen, die man in der Regel geplant vorbereiten kann, sollte man sich die Argumente pro und contra Operation in aller Ruhe überlegen. In diesem Kapitel möchten wir deshalb versuchen, möglichst objektiv Fakten und Daten aus medizinischer Sicht zusammenzutragen. Da es hierzu beinahe unübersehbar viele Publikationen älteren oder neueren Datums, größerer und kleinerer Vergleichsgruppen und auch seriöserer und unseriöser Publikationsquellen gibt, haben wir versucht, der Übersicht halber die vorhandene Literatur zusammenzufassen. Hierfür haben wir neuere Untersuchungen höher gewichtet als ältere, größere Untersuchungsgruppen mehr gewichtet als kleinere und auch versucht seriöse Quellen zu bevorzugen. Wie Sie anhand der Literaturliste im Anhang dieses Buches sehen können, war dies mit erheblichem Arbeitsaufwand verbunden, denn die Literatur musste nicht nur gelesen, sondern auch bewertet und im Mittelwert errechnet werden. Unserer Meinung nach war dies jedoch der einzig sinnvolle Weg, eine überschaubare Übersicht zu erhalten.

30 % der älteren unkastrierten Hündinnen sind von einer Pyometra oder anderen Gebärmutterveränderungen zystischer oder tumoröser Art betroffen.

Medizinische Indikationen bei der Hündin

Aus medizinischer Sicht ist die OHE bei der Hündin dann **absolut** (das heißt ohne Alternative) **sinnvoll**, wenn...

... eine **Pyometra** (Gebärmuttervereiterung) vorliegt. Die Operation ist 100 %ig anzuraten, denn es existiert keine echte Alternative, insbesondere nicht bei einer älteren Hündin. Es gibt Versuche, eine Pyometra bei Zuchthündinnen über Hormon- und Antibiotikagabe zu therapieren, die Erfahrungen sind aber nicht gut. Bei älteren Hündinnen, die den Großteil der Pyometrapatientinnen darstellen (!), sind die Erfahrungen sogar miserabel. Die Pyometra oder andere Gebärmutterveränderungen zystischer oder tumoröser Art betreffen etwa 30 % der älteren Hündinnen, die nicht kastriert sind. Hündinnen, die läufigkeitsverhütend gespritzt wurden, tragen ein noch höheres Risiko für Gebärmutterveränderungen.

... eine Hündin per **Kaiserschnitt** entbinden muss und es bereits zu starken Einrissen oder Gewebeverletzungen in der Gebärmutterwand oder zu unkontrollierbaren Blutungen gekommen ist. Dies kommt zwar selten vor, da eine Geburt per Kaiserschnitt normalerweise keine Probleme mit sich bringt, indiziert bei Auftreten aber die OHE unbedingt.

Die Operation ist **relativ** (das heißt es gibt medizinische Vorteile, aber auch Alternativen) **anzuraten**, wenn...

... eine **Vorbeugung der Entstehung von Mammatumoren** erreicht werden soll (je nach Alter ca. 30% an vorbeugender Wirkung). Alle Publikationen sind sich einig, dass eine Operation vor der ersten Läufigkeit das Risiko für Mammatumore bei nahezu 0% hält. Mit jeder weiteren Läufigkeit reduziert sich der Schutz vor Mammatumoren signifikant und ab einem Alter von drei bis sieben Jahren ergibt sich kaum noch ein vorbeugender Effekt durch die Operation.

... es zu **Brüchen neben dem After** (Perianalhernien) kommt. Bei der Hündin existiert ein hormoneller Zusammenhang und es wird in der Fachliteratur ein ca. 30% geringeres Risiko für kastrierte Hündinnen angegeben. Allerdings tritt diese Krankheit generell nur selten auf und es gibt operative Methoden zur Behebung der Probleme, die meist sehr erfolgreich sind.

... es zu **Brüchen im Leistenspalt** (Inguinalhernien) kommt. Bei der Hündin existiert ein hormoneller Zusammenhang und es wird in der Fachliteratur ein ca. 15% geringeres Risiko für kastrierte Hündinnen angegeben. Allerdings tritt diese Krankheit bei Hündinnen noch seltener auf als die Perianalhernien und es gibt ebenfalls recht erfolgreiche operative Methoden zur Behebung des Problems.

Bei **analen Adenomen** (25% weniger Risiko) oder **perianalen Tumoren** (22% weniger Risiko) hat die Kastration ebenfalls einen vorbeugend positiven Effekt. Beide treten aber bei der Hündin recht selten auf und sind auch anderweitig therapierbar.

Bei **Epilepsie** wird immer wieder ein positiver Effekt von ca. 10% weniger Risiko zu erkranken beschrieben. Es werden auch Hündinnen mit Epilepsie operiert und die Krankheit verschwindet danach, allerdings bei weitem nicht bei allen Formen der Epilepsie.

Bei **sexualhormonindizierten Krankheiten** (Diabetes Typ II hormonabhängig, vor allem Haut- und hormonale Hypersensitivität), die sehr selten auftreten, kann eine Reduzierung des Risikos zu erkranken von dann aber bis zu 90 % nachgewiesen werden.

Zur **Empfängnisverhütung** bei gleichzeitig gehaltenen intakten Rüden oder allgemein hilft die Kastration zu 100 %, aber es gibt natürlich auch hier Alternativen! Lesen Sie hierzu bitte auch noch im Kapitel „Die größten Irrtümer" nach.

Medizinische Indikationen beim Rüden

Aus medizinischer Sicht ist die Kastration beim Rüden **absolut** (das heißt ohne andere Alternative) **sinnvoll** bei...

... **Hodentumoren** (vor allem bösartigen und hormonproduzierenden).
... **Hodenverletzungen**, die anders nicht therapiert werden können.
... häufig bei **Hodenverdrehungen**.

Die Operation ist **relativ** (das heißt es gibt medizinische Vorteile, aber auch Alternativen) **anzuraten** bei...

... **Prostataerkrankungen** des Rüden. Das Risiko, daran zu erkranken, reduziert sich um bis zu 90 %. Allerdings gibt es auch Behandlungsmöglichkeiten für Prostataerkrankungen, die meist recht erfolgreich sind.

... **Brüchen neben dem After** (Perianalhernien). Beim Rüden existiert ein hormoneller Zusammenhang und es wird in der Fachliteratur ein bis zu 90 % geringeres Risiko für kastrierte Rüden angegeben. Allerdings tritt diese Krankheit generell nur selten auf und es gibt operative Methoden zur Behebung der Probleme, die meist recht erfolgreich sind.

... **Brüchen im Leistenspalt** (Inguinalhernien). Beim Rüden existiert ein hormoneller Zusammenhang und es wird in der Fachliteratur ein ca. 30 % geringeres Risiko für kastrierte Tiere angegeben. Allerdings tritt auch diese Krankheit bei Rüden deutlich seltener als die Perianalhernien auf und es gibt recht erfolgreiche operative Methoden zur Behebung der Probleme.

... **analen Adenomen** (85 % weniger Risiko) und bei perianalen Tumoren (72 % weniger Risiko) hat die Kastration ebenfalls einen vorbeugend positiven Effekt. Beide treten aber beim Rüden recht selten auf und sind auch anderweitig therapierbar.

... **Epilepsie** wird ein positiver Effekt von ca. 30 % weniger Risiko, daran zu erkranken, beschrieben und es werden deswegen häufig auch epileptische Rüden operiert, worauf die Krankheit verschwindet. Dies gilt aber bei weitem nicht für alle Formen der Epilepsie.

... **sexualhormonindizierten Krankheiten** (vor allem Haut- und hormonale Hypersensitivität) kann eine Reduzierung des Risikos, daran zu erkranken, bei bis zu 90 % nachgewiesen werden. Allerdings treten sie sehr selten auf.

Zur **Empfängnisverhütung** bei gleichzeitig gehaltenen intakten Hündinnen oder allgemein verhütet die Kastration zu 100 %, aber es gibt natürlich auch hier Alternativen! Lesen Sie hierzu bitte auch noch im Kapitel „Die größten Irrtümer“ nach.

Das Urinmarkieren des Rüden gehört zum normalen artspezifischen Verhalten eines Hundes und sollte deshalb kein Grund für eine Kastration sein.

Zur **Verminderung des Präputialkatarrhes** soll die Kastration helfen. Für uns eigentlich ein irrelevantes Argument, da der Vorhautkatarrh meist nur den Halter stört, der Flecken auf dem Sofa, an der Kleidung oder auf dem Autositz befürchtet.

Zur **Reduzierung des Urinmarkierens** (hilft zu 60 % im Haus und zu 12 % draußen). Aber auch dies ist für uns kein (medizinisches) Argument, da das Urinmarkieren zum ganz normalen artspezifischen Verhalten eines Hundes gehört.

Bei **Kryptorchiden** (ein oder beide Hoden sind nicht in den Hodensack abgestiegen) wird seit vielen Jahren eine Kastration empfohlen. Aus züchterischer Sicht macht es natürlich Sinn, diese Veranlagung nicht in die nächste Generation weiter zu vererben. Ob es aber für die Gesundheit des betroffenen Rüden Sinn macht, ist bei weitem nicht so eindeutig

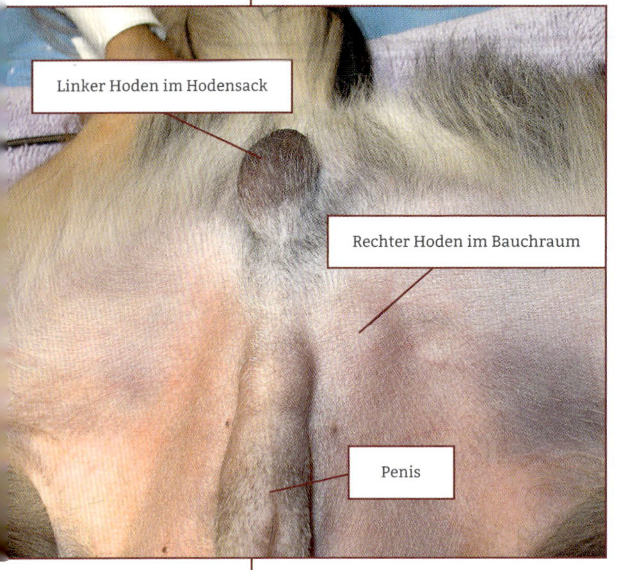

Auf diesem Bild ist der nicht in den Hodensack abgestiegene Hoden gut zu erkennen. (Quelle: Wikipedia 2013, Joel Mills)

zu beantworten. Wir denken, dass hierzu eine individuelle Besprechung unabdingbar ist. Das Risiko, dass sich diese Hoden tumorös verändern, ist zwar um den Faktor 10 – 15 erhöht, aber da das Risiko für einen Rüden, überhaupt Hodentumore zu bekommen, generell sehr niedrig ist, rechtfertigt dieser Faktor unserer Meinung nach nicht eine Routine-Kastration bei Kryptorchismus. Schon gar nicht, wenn der Hoden tastbar außerhalb des Leistenspaltes liegt, wo er erstens nicht viel wärmer als im Hodensack (ein Argument für die Gefahr der Tumorbildung) gelagert ist und zweitens jedwede Veränderung des Hodens problemlos ertastet werden kann. Ein regelmäßiges Monitoring, durch das man eine Umfangsvermehrung sofort feststellen würde und dann immer noch reagieren könnte, erscheint uns sinnvoller. Uns sind viele Rüden bekannt, die mit dem Hodenhochstand steinalt wurden und nie Probleme hatten.

Etwas anderes ist es, wenn der nicht abgestiegene Hoden an einer Stelle sitzt, die Probleme macht. Wir erinnern uns zum Beispiel an einen West-Highland-Terrier, der jedes Mal aufschrie und nach den Haltern schnappte, wenn diese ihn hochgehoben haben. Später reichte schon die Andeutung, dies tun zu wollen, aus, um ein eindeutiges Drohverhalten beim Hund auszulösen. In einer Hundeschule wurde den Haltern gesagt, es handele sich hierbei um ein Dominanzverhalten gegenüber ihnen, was blanker Unsinn war. Der Hund hatte Schmerzen, wenn man ihn hochhob, weil der in der Leiste hängende Hoden auf einen Nerv drückte, wenn er in bestimmte Positionen kam. Der Hoden wurde entfernt und mit dem Hund ein Training absolviert, das ihm zeigte, dass ein Hochheben ab jetzt nicht mehr mit dem von ihm erwarteten Schmerz verbunden ist. Seitdem gibt es keine Probleme mehr.

Insgesamt würden wir beim Kryptorchismus immer dazu raten, ein ausführliches Beratungsgespräch mit dem Tierarzt des Vertrauens zu führen und das Für und Wider einer Kastration gründlich abzuwägen, bevor man sich für die Operation entscheidet – oder eben nicht.

Nicht operative hormonelle Eingriffe bei Rüde und Hündin

Abgesehen von den unterschiedlichen Operationen gibt es auch andere Möglichkeiten, in den Hormonhaushalt eines Hundes einzugreifen. Da auch diese über Vor- und Nachteile verfügen, möchten wir sie im folgenden Kapitel genauer vorstellen und vor allem auch auf die Gefahren hinweisen, die mit ihrem Einsatz verbunden sind.

Der Kastrationschip

Seit einigen Jahren gibt es die Möglichkeit, bei Rüden mit Hilfe eines Chip-Implantats die Wirkung einer Kastration für sechs bzw. zwölf Monate zu imitieren. Viele Hundehalter nehmen diese Möglichkeit in Anspruch, wenn sie herausfinden möchten, ob unerwünschte Verhaltensweisen wirklich hormonell bedingt sind und durch Kastration verschwinden würden – oder auch dann, wenn sich die Halter in puncto Kastration uneins sind. Auch bei älteren oder herzkranken Tieren, bei denen eine Operation unter Narkose nicht mehr in Frage kommt, kann der Chip als Alternative eingesetzt werden.

Der „Kastrations"- oder Suprelorin-Chip ist ein Implantat, das (ähnlich wie der Mikrochip zur Kennzeichnung) mit einer etwas dickeren Kanüle unter die Haut im Nacken des Rüden eingesetzt wird. Dieses Einsetzen geht sehr schnell und ist nur wenig schmerzhaft, so dass hierfür keine Narkose erforderlich ist. Der Chip enthält den Wirkstoff Deslorelin, einen so genannten „Slow-Release-GnRH-Agonisten", den er über sechs (4,7 mg-Chip) bzw. zwölf (9,4 mg-Chip) Monate kontinuierlich in niedriger Dosis in den Körper des Hundes abgibt. Hierdurch kommt es zu einer vorübergehenden Unfruchtbarkeit, ohne dass eine Operation durchgeführt werden muss, weshalb man hier im Gegensatz zur „chirurgischen Kastration" von einer „chemischen Kastration" spricht. Ein großer Vorteil des Chips liegt darin, dass seine Wirkung nur vorübergehend ist – nach etwa sechs bzw. zwölf Monaten ist der Wirkstoff verbraucht und der Hund kommt wieder auf seinen alten Hormonstatus zurück.

Der Wirkstoff Deslorelin ähnelt dem körpereigenen Hormon GnRH (Gonadotropin-Releasing-Hormon), das normalerweise in Intervallen ausgeschüttet wird und dafür sorgt, dass aus der Hypophyse, einer Drüse im Gehirn, Botenhormone ins Blut abgegeben werden, die im Hoden die Bildung von Geschlechtshormonen (v.a. Testosteron) steuern. Nach Einsetzen des Chips gibt dieser den Wirkstoff Deslorelin kontinuierlich in kleinen Mengen ab und blockiert dadurch bestimmte Rezeptoren an der Hypophyse, die nur auf die pulsatile Ausschüttung reagieren. Der Körper erhält so das Signal, dass ausreichend Geschlechtshormone vorhanden sind, weshalb die Hypophyse keine Botenhormone mehr ins Blut abgibt, was wiederum dazu führt, dass auch die Hoden die Produktion von Geschlechtshormonen einstellen. Ohne diese Geschlechtshormone werden keine Spermien gebildet, die Hoden sind gewissermaßen „abgeschaltet“ und der Rüde ist vorübergehend zeugungsunfähig.

Auch für Rüden typische Verhaltensweisen, die zum Teil als problematisch empfunden werden (z. B. vermehrtes Aufreiten, ständiges Schnuppern an Urinmarkierungen etc.), werden weitgehend durch das Geschlechtshormon Testosteron beeinflusst – ein mit dem Suprelorin-Chip behandelter Rüde benimmt sich daher weitgehend wie ein kastrierter Rüde. Unerwünschtes Verhalten, das auf andere Auslöser zurückzuführen ist (wie zum Beispiel Futterneid, Angstaggression, territoriale Aggression etc.) wird durch den Chip allerdings nicht oder nur sehr geringfügig beeinflusst!

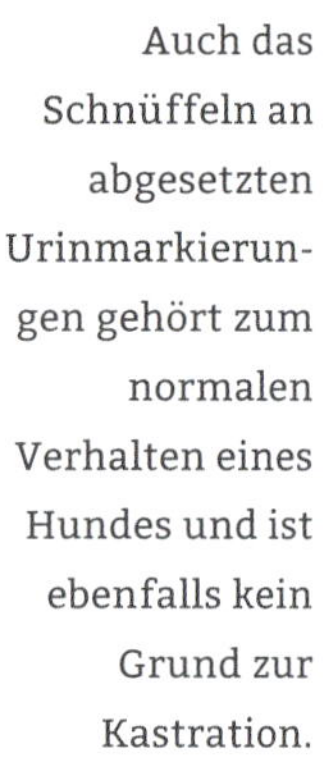

Auch das Schnüffeln an abgesetzten Urinmarkierungen gehört zum normalen Verhalten eines Hundes und ist ebenfalls kein Grund zur Kastration.

Erwünschte und unerwünschte Wirkungen und Nebenwirkungen des Chip im Überblick

Der „Kastrations-Chip" hat viele Auswirkungen auf den Hund – zum größten Teil sind es die gleichen wie bei der chirurgischen Kastration. Manche Folgen sind dabei von Vorteil, manche aber auch nicht. Schauen wir sie uns im Einzelnen an:

- Durch den Suprelorin-Chip werden die Hoden inaktiv und verlieren dadurch an Größe. Der Hersteller weist ausdrücklich darauf hin, dass es zu einer Art Schrumpfung der Hoden kommt.

- Da in den Hoden unter der Wirkung des Chips keine Spermien produziert werden, wird eine Zeugungsunfähigkeit erreicht. Allerdings nur so lange, wie der Chip voll wirkt. Sobald die Wirkung nachlässt, kann diese Unfruchtbarkeit nicht mehr garantiert werden.

- Durch eine Kastration verändert sich immer auch der Stoffwechsel. Das bedeutet, dass man als Halter bei vielen Rüden, die mit einem Chip behandelt wurden, ebenso wie bei chirurgisch kastrierten sehr auf die Fütterung achten muss, um eine Gewichtszunahme zu verhindern. Aber auch hier gilt: „Jedes Pfündchen geht durch's Mündchen" – was der Hund nicht frisst, macht ihn also auch nicht dick, weshalb der Halter in der Verantwortung steht! Lesen Sie hierzu bitte auch im Kapitel über „Die größten Irrtümer" nach.

- Vor allem bei Rassen mit mittellangem und langem seidigem Haar kann das Fell flauschiger und weicher werden, vor allem im Brustbereich und an den Flanken. Man spricht vom „Babyfell", weil die Haarstruktur an das Haarkleid eines Welpen erinnert.

Langhaardackel-Mixrüde Freddy hat nach der Kastration ein sog. „Babyfell" bekommen.

- Das (vom Halter oft unerwünschte) Sexualverhalten kann ganz oder teilweise verschwinden. Die mit dem Chip behandelten Rüden markieren weniger, lecken nicht mehr ständig den Boden ab, berammeln keine anderen Hunde oder Menschen, jaulen nicht mehr nächtelang oder verweigern das Futter nicht mehr aus Liebeskummer. In welchem

Ausmaß sich diese Verhaltensweisen ändern, ist nicht genau vorherzusagen, in den meisten Fällen wird das Zusammenleben aber deutlich entspannter.

- Wie schon erwähnt kann die Aggressionsbereitschaft eines Hundes nicht immer durch eine (chirurgische oder chemische) Kastration verändert werden, denn nicht jede Aggressionsform ist hormonell beeinflusst. Geht ein Rüde aber vermehrt in Konfrontation mit anderen Rüden, wenn es um die Gunst von (läufigen) Hündinnen geht, wird dieses Verhalten deutlich nachlassen, wenn auch nicht unbedingt ganz verschwinden, denn insbesondere bei älteren Rüden muss auch der erlernte Anteil eines Verhaltens berücksichtigt werden, das eher durch Training als durch Kastration beeinflusst werden kann.

Wie stark sich das Einsetzen des Chips (oder auch eine chirurgische Kastration) im Einzelfall auswirkt, lässt sich leider niemals exakt vorhersagen. Viele Rüden werden entspannter im Umgang und zeigen weniger Aggressionen – aber eben nicht alle.

!

Die volle Wirkung des Chips tritt vier bis sechs Wochen nach Einsetzen des Chips ein. Der Hersteller weist darauf hin und manche Hundehalter bestätigen dies auch, dass sich das typische Rüdenverhalten zunächst noch für zwei bis drei Wochen verstärken kann – worauf der Halter entsprechend mit Managementmaßnahmen und Training reagieren und abwarten muss, bis sich die volle Wirkung entfaltet. Da man nicht voraussagen kann, ob und bei welchen Rüden dies der Fall ist, sollte in jedem Fall auf diese Möglichkeit hingewiesen werden, damit der Halter sich entsprechend vorbereiten kann und keine „böse Überraschung" erlebt.

Diese Verschlechterung bei oft ohnehin schon problematischen Rüden kann zu einer regelrechten Eskalierung der Situation führen, die teils unkontrollierbare Zustände erzeugt. Manchmal hält diese Phase auch Wochen und Monate an und umgekehrt kann es auch Monate bis Jahre dauern, bis der Rüde nach der Wirkung wieder ein normaler unkastrierter Hund wird. Diese schlechte Dosierbarkeit der Wirkung kommt nicht sehr oft, aber doch immer wieder vor und erzeugt dann mitunter unerträgliche Situationen.

Nach sechs bzw. zwölf Monaten ist der Wirkstoff im Chip verbraucht. Dadurch werden die Rezeptoren an der Hypophyse wieder frei, diese gibt wieder Botenhormone ins Blut ab und die Hoden nehmen die Produktion von Testosteron und Spermien wieder auf. Der Rüde benimmt sich nun langsam wieder wie vor dem Setzen des Chips, die Übergangsphase kann manchmal allerdings auch Monate andauern. Studien belegen, dass sich ein Jahr nach Implantation eines Sechs-Monats-Chips der Testosteronspiegel bei 80% der Hunde wieder normalisiert hat. Bei kleinen Hunden unter 10 kg Körpergewicht hält die Wirkung jedoch oftmals länger an als die eigentlich angegebenen sechs bzw. zwölf Monate.

Über die Wirkdauer bei Hunden mit einem Gewicht von mehr als 40 kg liegen keine Untersuchungen vor und es wurde auch nicht untersucht, ob die Hunde anschließend tatsächlich wieder zeugungsfähig waren, so dass allgemein vom Einsatz des Chips bei Zuchtrüden abgeraten wird.

!

Betrachten wir noch einmal genauer die Vorteile des Chips gegenüber einer chirurgischen Kastration. Ein großer Vorteil liegt darin, dass der Chip nur vorübergehend wirkt. Anders als nach einer chirurgischen Kastration, die immer endgültig ist, verschwindet die Chip-Wirkung nach sechs bzw. zwölf Monaten. Entwickelt sich der Rüde nach dem Setzen des Chips also nicht wie erwartet, zeigt er keine oder sogar unerwünschte Verhaltensänderungen, wird die Fressgier zu stark oder das Fell zu unansehnlich, so muss man nur abwarten. Alle Wirkungen und Nebenwirkungen des Suprelorin-Chips sind reversibel – also umkehrbar. Viele Halter nutzen den Chip daher als eine Art „Probelauf", um festzustellen, ob eine chirurgische Kastration bei ihrem Hund Sinn macht oder nicht.

Ein Vor- und Nachteil ist, dass sich der Chip nach Herstellerangaben vollständig auflöst. Der Vorteil besteht natürlich darin, dass keine Chips im Körper verbleiben und dort, ähnlich wie Weltraummüll, nicht vorhersehbare Schäden anrichten. Der Nachteil liegt allerdings bei einer eventuell erwünschten Entfernung.

Ein weiterer Vorteil besteht darin, dass für das Setzen des Chips – anders als bei der chirurgischen Kastration – keine Narkose erforderlich ist. Gerade bei (älteren) Tieren, die eine Herz-Kreislauf-Erkrankung haben, ist das Narkoserisiko erhöht. Für sie bietet der Suprelorin-Chip ebenso eine Alternative wie für Hunde mit Gerinnungsstörungen, für die jede Operation ein großes gesundheitliches Risiko darstellt.

Zusammenfassend stellt sich nun die Frage, wann es sinnvoll ist, den Chip einsetzen zu lassen und wann nicht? Bei **gesunden, erwachsenen** Hunden kann er jederzeit eingesetzt werden. Er sollte jedoch **nicht gleichzeitig mit einer Impfung** implantiert werden, um eine gegenseitige nachteilige Beeinflussung von Immun- und Hormonsystem zu vermeiden.

!

Laut Hersteller darf der Chip bei manchen Erkrankungen nicht eingesetzt werden. Hierzu zählen Kryptorchismus („Hodenhochstand", die Hoden befinden sich nicht im Hodensack, sondern in der Bauchhöhle), Hoden- und Prostatatumore sowie Perianalhernien. Beim Kryptorchiden besteht ein erhöhtes Tumorrisiko und bereits existierende Tumore würden durch das anfangs erhöhte GnRH vermutlich schneller wachsen. Bei den Perianalhernien vermutet man einen „falschen" Hormonmix als Ursache und befürchtet unter den GnRH-Analogen eine Verschlechterung der Hernie.

Was man in Bezug auf den Chip noch bedenken sollte

Der Chip ist nur für Rüden zugelassen – es gibt weder einen Kastrations-Chip für Hündinnen noch ist der Chip zur Anwendung bei Katern oder Katzen zugelassen!

Vor allem sollte man sich darüber im Klaren sein, dass zu allen genannten medizinischen Angaben hinsichtlich der Beeinflussung des Verhaltens zur Zeit noch keine Langzeitbeobachtungen vorliegen.

Welche Kosten sind zu erwarten?

Für den Sechs-Monats-Chip entstehen Kosten von ca. 85,– Euro, für den Zwölf-Monats-Chip etwa 145,– Euro. Zum Vergleich kostet die chirurgische Kastration je nach Größe des Hundes und ohne Komplikationen etwa zwischen 200,– und 280,– Euro. Hinzu kommen die Kosten für die Nachsorge (Kontrolluntersuchung, evtl. Fäden ziehen).

Tardastrex®

Delmadinonacetat ist der pharmakologische Wirkstoff in diesem veterinärmedizinischen Präparat, das vornehmlich bei Hunden bzw. Rüden eingesetzt wird. Tardastrex® wird von der Firma Pfizer vertrieben und ist ausschließlich als Injektionslösung zur intramuskulären und subkutanen Anwendung erhältlich. Die vom Hersteller angegebenen Anwendungsgebiete sind Prostatahypertrophie, kleine Adenome der Perianaldrüsen, sexuelle Hyperaktivität und eine androgen-abhängige Angriffslust, wenn eine Kastration nicht erwünscht ist.

Vermehrter Durst kann laut Hersteller eine Nebenwirkung der „Kastrationsspritze“ sein.

Als Gegenanzeigen sind Diabetes mellitus, schwere Leber- und Nierenfunktionsstörungen, Mammatumore und Langzeittherapie mit Glukokortikosteroiden angegeben. Zu den bekannten Nebenwirkungen zählen Appetitsteigerung, vorübergehende Polydipsie (vermehrter Durst) und Polyurie (vermehrtes Wasserlassen), gesteigerte Anhänglichkeit und ungewöhnlich ruhiges Verhalten.

Über die pharmakodynamischen Eigenschaften des Präparates schreibt der Hersteller Folgendes: „Delmadinonacetat ist ein synthetisches langwirksames Progesteronderivat mit progestagener, antiandrogener und schwacher glukokortikoider Wirkung. Es blockiert Androgenrezeptoren, hemmt die 5α-Reduktase und vermindert durch die Hemmung der Gonadotropinausschüttung die Bildung von Testosteron. Delmadinonacetat vermindert die Insulinempfindlichkeit.“ Zu den pharmakokinetischen Eigenschaften steht in den Fachinformationen: „Delmadinonacetat wird in der Leber reduziert, hydroxiliert, deacetyliert und glucoronidiert und mit der Galle und im Urin ausgeschieden“ (Herstellerinformationen Pfizer). In den Gebrauchsinformationen, die dem Präparat in der Verpackung beiliegen, steht zusätzlich zu den oben bereits angegebenen Anwendungsgebieten als „weitere empfehlenswerte allgemeine Indikationen nach bisherigen Erfahrungen: ...Angriffslust und extreme Nervosität...“ (Gebrauchsinformation Tardastrex®, Pfizer).

Nach unserer Information gibt es bislang nur einen veröffentlichten Artikel, der sich mit einem dem Delmadinon verwandten Stoff und der Fragestellung der Wirksamkeit bei Epilepsie bzw. epileptiformen Anfällen beschäftigt. Die Autoren bewerten ihre Ergebnisse als durchaus positiv, vor allem weil viele Patienten bereits erfolglos vorbehandelt wurden und empfehlen dieses Steroidpräparat durchaus zur Therapie von epileptischen Anfällen (BRASS und HORZINEK, 1971).

Tardastrex wird außer wegen seines Haupteinsatzgebietes bei Prostataerkrankungen seit Jahren weltweit als „Kastration auf Probe" eingesetzt. Positiv ist hier der im Gegensatz zum Kastrationschip schnelle Wirkungseintritt innerhalb von zwei bis fünf Tagen und die ebenfalls vergleichsweise viel kürzere Wirkungszeit von vier bis sechs Wochen, da unerwünschte Nebenwirkungen ebenfalls schneller wieder verschwinden. Tardastrex eignet sich außerdem zur „Überbrückung" der Läufigkeit einer im gleichen Haus oder im direkten Umfeld befindlichen Hündin. Allerdings würden wir es sehr kritisch sehen, es wiederholt (zum Beispiel bei jeder Läufigkeit einer Hündin) einzusetzen. Lesen Sie hierzu bitte auch im Kapitel „Die größten Irrtümer" unter „Mehrhundehaltung".

Unterdrückung der Läufigkeit per Injektion

Außer in ganz wenigen Ausnahmefällen empfehlen wir dies mit dem zur Zeit verfügbaren medizinischen Wissen grundsätzlich nicht!

Durch regelmäßige Injektionen von Hormonen ca. alle fünf Monate im Anöstrus kann man die Läufigkeit dauerhaft unterdrücken. Vorteile dieser Methode sind, dass Operation und Narkose nicht notwendig sind und dass die Unterdrückung beendet werden kann, so dass die Möglichkeit einer normalen Läufigkeit danach weiterhin bestehen bleibt.

Nachteilig ist die deutlich erhöhte Anfälligkeit für eine Gebärmutterentzündung oder -vereiterung, die beim Hund schnell lebensbedrohlich werden kann. Dieses Risiko besteht insbesondere im fortgesetzten Alter und/oder dann, wenn die Injektion nicht strikt im Anöstrus erfolgte. Zusätzlich besteht je nach Präparat ein mehr oder weniger erhöhtes Risiko für Gesäugetumore, seltener treten Haarkleidveränderungen an der Einstichstelle auf. Außerdem kann es, wenn auch sehr selten, zu einem meistens reversiblen Diabetes mellitus kommen. Das unerlässliche genaue Einhalten der Injektionsintervalle stellt viele Halter vor ein Problem und auch die regelmäßigen Kosten der Injektionen sind als Nachteil zu bewerten.

Abtreibung per Injektion/ die „Spritze danach“

Auch hier möchten wir dringlich betonen, dass dies nur eine Notfallmaßnahme darstellen soll, ähnlich wie die „Pille danach“ beim Menschen nach einer Vergewaltigung. Eine vorbeugende Beratung über den Zyklus der Hündin sollte diese Injektion eigentlich überflüssig machen. Auf keinen Fall sollte die Spritze den verantwortungsvollen Umgang mit dem Zyklus einer unkastrierten Hündin ersetzen! Leider passiert dies aber immer wieder, wenn Hundehalter allzu bedenkenlos nach ihr fragen, weil sie „halt nicht genug aufgepasst“ haben.

Die Spritze wird entweder zwei- oder dreimal im Abstand von zwei Tagen nach Anweisung des Herstellers gegeben. Dies bewirkt eine Nidationsverhütung (Nichteinnisten in der Gebärmutterwand) oder einen „Frühabort“ (Abgang des Embryos aus der Gebärmutterwand), was mit erheblichen Unterleibsschmerzen einhergehen kann. Zusätzlich kann es zu einer erneuten Läufigkeit deutlich vor der normalen Zeit kommen.

Statt der Abtreibung per Injektion sollte man lieber darauf achten, dass es nicht zu einem ungewollten Deckakt kommt.

Die Sexualhormone beim Hund und deren Regelung

Keine Angst! So trocken, wie viele Menschen glauben, ist das Thema nicht. ☺ Aber dennoch ganz schön kompliziert – und zwar so kompliziert, dass selbst absolute Experten zugeben, dass längst noch nicht alle Wirkmechanismen erkannt und vollständig erklärbar sind. Deshalb wäre es auch falsch, allzu leichtfertig Zusammenhänge zwischen hormonellem Status und Verhalten abzuleiten. Auch hierbei hat sich schon mancher Profi „vergaloppiert“ bzw. Behauptungen aufgestellt, die so nicht haltbar sind. Deshalb möchten wir in diesem Kapitel einige Grundlagen vermitteln, die Ihnen helfen, die Thesen von Kastrationsbefürwortern bzw. -gegnern kritisch zu hinterfragen.

Hormone sind Botenstoffe, die frei im Blutkreislauf zirkulieren und in bestimmten Zielorganen ganz bestimmte Wirkungen entfalten. Sehr viele oder fast alle Prozesse im Körper werden durch Hormone gesteuert. Hormone sind evolutionär etwas ganz „Altes“, das heißt die Natur hat schon vor langer Zeit dieses elegante System der „Fernsteuerung“ entwickelt. Bei nahezu allen Säugetieren funktionieren Hormonregulierungen nach dem gleichen „Schlüssel-Schloss-Prinzip“: Das frei im Blut zirkulierende Hormon ist quasi der Schlüssel, und nur wenn dieser Schlüssel ein passendes Schloss (einen jeweils typischen Rezeptor) findet, sperrt er die Tür auf und auf der anderen Seite der Tür passiert das gewünschte Ereignis, wie zum Beispiel bei Östrogenen die Anschwellung der Scheidenschleimhaut, nicht aber ein Anschwellen der Mundschleimhaut. Hormone können an mehreren Stellen gleichzeitig verschiedene Rezeptoren ansprechen und damit gleichzeitig verschiedene Stoffwechselvorgänge regulieren und sie können sich auch gegenseitig regulieren. Meist ist dies bei Säugetieren der Fall und diese Komplexität bedingt, dass wir immer noch beileibe nicht alle Wirkungen und vor allem Wechselwirkungen der Hormone verstehen.

Wichtig zum Verständnis der Hormone ist zu wissen, dass alle Hormone über übergeordnete Regelkreise kommandiert werden. Dies funktioniert in etwa wie die automatische Temperaturregelung einer Heizung: Ein Thermostat misst die Temperatur (zum Beispiel den Zuckerspiegel) und dann vergleicht der Rechner (in diesem Fall die Hypophyse = Hirnanhangsdrüse) den Istwert mit dem Sollwert und reguliert ggf. mit einem Befehl zur Temperaturerniedrigung (Steuerungscomputer an Brenner: Heizung ausschalten = Hormonausschüttung im Beispiel Zucker: Insulinausschüttung), was dann die korrekte Temperatur im Raum (Zuckerspiegel wie gewünscht) bewirkt. Die Regelung funktioniert meist auch in die Gegenrichtung, im Beispiel: Zucker zu niedrig (Raum zu kalt), Hormonausschüttung Glucagon und die Leber steigert den Zuckerspiegel (Heizung wird hochgefahren und das Zimmer wird warm wie gewünscht!).

Um die Sache noch komplizierter zu machen, existieren bei den Hormonen oft mehrere übergeordnete Regelkreise, die eine noch feinere Regulierung und auch Verknüpfungen der Regelkreise ermöglichen.

Diese oberste Instanz, wenn man so möchte der Kaiser der Hormone, ist die Hirnanhangsdrüse oder Hypophyse, die gut geschützt zentral im Kopf liegt und sehr gut mit Blut versorgt wird. Ins Deutsche aus dem Griechischen übersetzt heißt Hypophyse in etwa „das unten anhängende Gebilde“, quasi das wichtige Anhängsel des Gehirns, das umsetzt, was im Körper passieren soll. Die Hypophyse wird selber vom Hypothalamus, mit dem sie über einen Stiel verbunden ist, mittels Liberinen (Releasing-Hormone, regen Freisetzung anderer Hormone an) und Statinen (Releasing-Inhibiting-Hormone, unterdrücken die Freisetzung) kontrolliert. Der Hypophysenhinterlappen wird oft noch als Teil des Hypothalamus betrachtet. Die Hypophyse produziert im Hypophysenhinterlappen (HHL) Oxytocin und ADH, das auch als Vasopressin bezeichnet wird. Im Hypophysenvorderlappen (HVL) werden sowohl direkt auf ihre Zielorgane einwirkende Hormone produziert wie das Wachstumshormon STH und Prolaktin, aber auch indirekte Hormone, die wiederum andere Hormondrüsen regeln wie das follikelstimulierende Hormon FSH, das luteinisierende Hormon LH, das adrenocorticotrope Hormon ACTH und das die Schilddrüse stimulierende Hormon TSH.

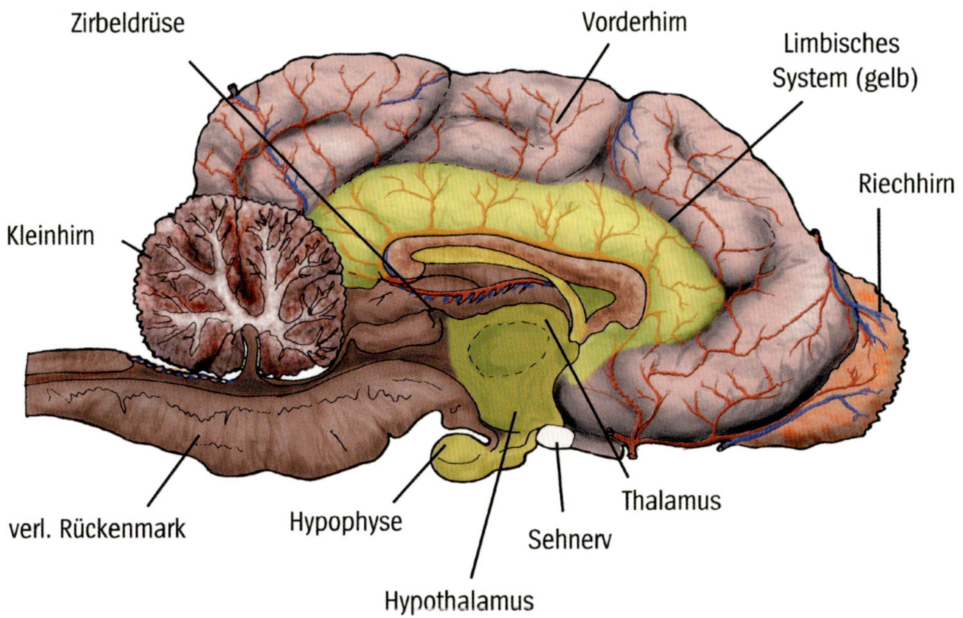

Diese übergeordneten Regelprozesse beeinflussen sich, wie man durch die räumliche Anordnung der Hypothalamus-Hypophysenachse erkennen kann, sehr stark gegenseitig und beeinflussen massiv deren Wirkung und damit auch das Gefühlsempfinden sowie das dadurch beeinflusste Verhalten und werden teilweise nur rudimentär verstanden. Dies öffnet natürlich viel Raum für weitere Forschungen, leider aber auch für oft wilde Spekulationen. Definitiv reagieren nicht alle Säugetiere auf alle Situationen gleich und selbst das gleiche Tier oder auch der Mensch kann zu verschiedenen Jahres- und Lebensabschnittszeiten verschieden regulieren und reagieren, je nach Status der anderen Hormonwerte. Insbesondere bezüglich der Sexualhormone ist definitiv ein jahreszeitlich unterschiedlicher Einfluss vorhanden, aber auch sicher ein altersabhängiger. Inwiefern der Mondstand, die Umgebungstemperatur, der Tag-Nacht-Rhythmus, die Gruppendynamik der Sozialpartner, Stress, Raumgröße des Territoriums, Ernährungszustand usw. eine Rolle spielen und wie genau all diese Faktoren die Hormone beeinflussen, ist weitgehend unbekannt, sicher aber in der einen oder anderen Form vorhanden und wichtig! **Deshalb kann keine genaue Aussage darüber getroffen werden, was genau nach einer Kastration oder Hormongabe im Körper passiert. Denn die oben beschriebenen Regelkreise und ihre externe wie interne Beeinflussung sind so komplex, dass man keine allgemeingültige Vorhersage treffen kann, die noch dazu für jeden Patienten passen soll!**

!

Etwas einfacher ist es, die einzelnen sexualrelevanten Hormone und deren Wirkung bei Hündin und Rüde zu erklären.

Oxytocin

Oxytocin kommt aus dem Griechischen und heißt eigentlich „schnell oder leicht gebärend“. Es kommt wahrscheinlich nur bei Säugetieren vor, was nicht verwunderlich ist, wenn man seine Hauptwirkungen – Milcheinschuss nach Stimulierung der Milchdrüsen und Zusammenziehen der Gebärmuttermuskulatur im Rahmen der Geburt nach Stimulierung der Rezeptoren am inneren Muttermund – betrachtet, die ja nur bei säugenden Tieren Sinn machen.

Aber Oxytocin hat auch starke verhaltensprägende Wirkungen und wird deshalb oft auch als „Kuschelhormon“, „Treuehormon“, „Paarbildungshormon“, „Bindungshormon“ oder „Orgasmushormon“ bezeichnet.

Oxytocin ist ein Neuropeptid, das im Hypophysenhinterlappen gebildet und gespeichert und bei Bedarf nach Stimulierung ins Blut abgegeben wird. Es wirkt sowohl direkt als Hormon (Milcheinschuss, Gebärmutterkontraktion bei der Geburt) als auch als Neurotransmitter.

Eine wichtige, oft unterschätzte, direkt gekoppelte Wirkung des Oxytocins nach der Geburt ist auch, dass beim Saugen der Welpen durch die Oxytocinausschüttung nicht nur die Milch besser einschießt und abläuft, sondern sich unter Oxytocineinfluss gleichzeitig auch die Gebärmuttermuskulatur kontraktiert (zusammenzieht) und damit die Nachgeburt vollständig abgeht, wodurch sich in Folge die Gebärmutter komplett reinigen kann. Das Saugen des Welpen hilft also auch der Gesundheit der Mutter. Hier erklärt sich unter anderem der Zusammenhang zwischen der bei der zyklischen, also unkastrierten, Hündin vorkommenden Scheinschwangerschaft ohne vorhandene Welpen und anschließende Gebärmuttererkrankung, denn ohne die Stimulierung der Zitzen durch das Saugen der Welpen wird kein Oxytocin ausgeschüttet und somit auch kein Reinigungseffekt der Gebärmutter erzielt. Ebenso spielt das Fehlen des eigentlich zur Milchbildung dazugehörenden Oxytocins und die damit fehlende Rückkoppelung auf das Prolaktin eine Rolle bei den auftretenden Verhaltensschwierigkeiten der Hündin in der Scheinschwangerschaft, wie

- der Pflege von Ersatzwelpen wie Socken, Spielzeug usw.
- der Verweigerung, das Nest zu verlassen
- gesteigerte Reizbarkeit bzw. Aggressivität
- oder übertriebene Anhänglichkeit.

Wie in einer Studie mit Präriewühlmäusen nachgewiesen, spielt Oxytocin auch eine Rolle bei der Paarbindung. (Quelle: redOrbit.com)

Zur Neurotransmitterwirkung gibt es viele interessante Studien:
„Untersuchungen bei monogamen Präriewühlmäusen (Microtus ochrogaster) lassen vermuten, dass Oxytocin auch bei der Paarbindung eine Rolle spielt. Im Gegensatz zu polygamen Bergwühlmäusen zeigen Präriewühlmäuse eine ausgeprägte, langzeitige und paarweise Partnerbindung. Verschiedene Untersuchungen fanden eine kritische Rolle von Oxytocin bei der Ausprägung dieser Partnerpräferenz: Injizierte man Präriewühlmäusen einen Oxytocin-Antagonisten, so verhielten sich diese im Partnerverhalten ähnlich den polygamen Bergwühlmäusen und zeigten keine längerfristigen sozialen Bindungen mehr. Die Untersuchungen ergaben, dass Oxytocin notwendig und hinreichend für die Ausprägung der Partnerpräferenz ist. Interessanterweise scheint es jedoch nicht die Menge an endogen ausgeschüttetem Oxytocin an sich zu sein, welche das soziale Bindungsverhalten beeinflusst, sondern die spezifische Ausbildung von Oxytocin-Rezeptoren im Gehirn. So unterscheiden sich die Rezeptorverteilungen im Gehirn von Prärie- und Bergwühlmäusen in charakteristischer Weise. Zudem zeigen Präriewühlmäuse ähnliche Rezeptorverteilungen wie eine andere monogame Spezies (Wiesenwühlmäuse). Weibliche Bergwühlmäuse, die nur in der Zeit unmittelbar nach der Geburt des Nachwuchses ein längerzeitiges Bindungsverhalten zu ihren Nachkommen zeigen, weisen exakt in dieser Zeit eine Veränderung in ihrer Oxytocin-Rezeptorverteilung auf." (Brandon & Wang 2004)

Oxytocin wird beim Menschen mit Empfindungen wie Liebe, Vertrauen und „zur Ruhe finden" in Zusammenhang gebracht. Diese Annahmen beruhen auf Experimenten, bei denen man Probanden ein Investorenspiel mit echten Geldgewinnen durchführen ließ, wobei bei einem Teil der Testpersonen durch ein Nasenspray ein erhöhter Oxytocinspiegel erzeugt wurde. Hierbei zeigte sich, dass die Personen mit einem erhöhten Oxytocinspiegel mehr Vertrauen zu ihren Spielpartnern hatten (Michael Kosfeld et al. 2005).

Eine Arbeitsgruppe von Carsten K. W. De Dreu brachte Oxytocin beim Menschen mit defensiver (!) Aggression gegenüber Außenseitern und einer Tendenz zur Handlungsausrichtung zum Vorteil einer Gruppe von Bekannten in Zusammenhang.

Bei Tieren ist die sexuell stimulierende Wirkung von Oxytocin oft beschrieben worden, eine luststeigernde Wirkung wurde aber auch beim Menschen, Männern wie Frauen, nachgewiesen. Beim Orgasmus werden hohe Dosen Oxytocin ausgeschüttet, die eine Phase der Entspannung und Müdigkeit nach dem Höhepunkt bewirken. Kappeler (2012) schreibt hierzu: „Auf jeden Fall ist es vermutlich am Gefühl der engen persönlichen Verbundenheit nach einer befriedigenden sexuellen Begegnung beteiligt, so ähnlich wie es die Bindung zwischen der stillenden Mutter und ihrem Säugling verstärkt." Außerdem bewirkt „die moderate Ausübung taktiler Reizung auf das Hautorgan in rhythmischen Abständen, mit anderen Worten: das Streicheln" eine Freisetzung von Oxytocin „und führt zu einer Beruhigung und einem Wohlgefühl, das die Bindung der beteiligten Personen verstärkt." Oxytocin wird bei angenehmen Körperkontakten wie Umarmungen und Zärtlichkeiten sowie Massagen ausgeschüttet.

Forschungen von Uvnäs-Moberg und Petersson weisen darauf hin, dass eine Freisetzung von Oxytocin durch angenehme Sinneswahrnehmungen wie Berührungen und Wärme, durch Nahrungsaufnahme, durch Geruchs-, Klang- und Lichtstimulation sowie durch rein psychologische Mechanismen ausgelöst werden kann, insbesondere infolge einer entsprechenden Konditionierung. Im Gehirn wird es zudem bei Stress freigesetzt.

Oxytocin ist also an wichtigen Fortpflanzungsprozessen wie Geburt, Laktation und Gebärmutterreinigung beteiligt, aber definitiv kein reines „Fortpflanzungshormon" und kommt bei weiblichen und männlichen Tieren auch als wichtiger Neurotransmitter vor. Es wird durch die Kastration nicht wesentlich beeinflusst, da es aus dem Hypothalamus bzw. der Hypophyse und nicht aus den Keimdrüsen kommt. Oxytocin selber beein-

flusst seinerseits aber ganz wesentlich das Verhalten des Hundes innerhalb seiner Umgebung und Gruppe, sowohl innerartlich als auch zum Menschen.

Östrogene

Der Begriff kommt vom altgriechischen oistros oder östrus und heißt eigentlich „Stachel“ oder „Leidenschaft“.

Östrogene sind hauptsächlich weibliche Hormone, sie kommen normalerweise aber auch beim Rüden in kleinen Mengen vor. Sie sind die wichtigsten weiblichen Sexualhormone und werden hauptsächlich in den Eierstöcken und dort in den Follikeln und im Gelbkörper gebildet, aber auch zu einem geringeren Teil (wie andere Steroidhormone auch) in der Nebennierenrinde. Während der Schwangerschaft werden die Östrogene auch in der Plazenta produziert. Rüden bilden im Hoden ebenfalls kleine Mengen an Östrogenen; zusätzlich wird auch ein gewisser Teil der Testosterone im Fettgewebe durch ein Enzym (Aromatase) in Östrogene umgewandelt.

Östrogene fördern die Reifung und Ausreifung der befruchtungsfähigen Eizellen bei der Hündin. Östrogene bewirken, dass die Gebärmutterschleimhaut gut durchblutet wird, der Muttermund sich öffnet und das Gebärmutterhalssekret durchlässig wird für Spermien. Östrogene signalisieren der Hypophyse die Eizellreife und lösen damit indirekt über die Produktion von LH den Eisprung aus. Die Konzentration der Östrogene schwankt bei der Hündin erheblich im Verlauf ihres Zyklus. Gesteuert wird die Östrogenproduktion von der Hypophyse über die gonadotropinen (Keimdrüsen stimulierende) Hormone FSH und LH. Nach der Kastration und im ganz hohen Alter fällt die Östrogensynthese bei der Hündin stark ab, während sie beim unkastrierten Rüden im Alter oft etwas ansteigt.

Beim Menschen soll eine Verminderung des Östrogenspiegels im Blut zu Osteoporose (Knochenschwund) führen, beim Hund wurde dies nicht in ähnlicher Form beobachtet.

Östrogene in höheren Dosierungen haben einen negativen Effekt auf die Blutbildung. Sie führen zu einer Lockerung des Bindegewebes durch eine eher parallele Anordnung der Fasern und weniger Quervernetzungen, so wird mehr Flüssigkeit im Bindegewebe eingelagert. Die Auswirkungen auf den Mineralhaushalt sind sehr komplex und, obwohl zweifelsfrei vorhanden, noch nicht genau verstanden.

Als Verhaltensauswirkung sind bei der Hündin ein Werbeverhalten und ein verstärktes Markierverhalten vorhanden, allerdings individuell sehr unterschiedlich ausgeprägt. Oft wird bei Hündinnen eine „Zickigkeit“ oder auch „eine Art Stutenbissigkeit“ um den Zeitpunkt des Eisprunges herum gegenüber anderen Hündinnen beobachtet, wofür zumindest teilweise der erhöhte Östrogenspiegel verantwortlich ist. Unter Östrogeneinfluss häufen sich Mammatumore bei der Hündin, besonders deutlich unter dem kombinierten Einfluss von Östrogenen und Gestagen. Östrogene sollen den Verschlussmechanismus der Blasenschließmuskulatur positiv beeinflussen. Es sind auch bei externer Östrogenzufuhr mittels Spritze Östrogenintoxikationen bei der Hündin möglich und beschrieben. Selten kommen diese auch bei Eierstockstumoren vor. Es gibt definitiv einen Zusammenhang zwischen Ovarial- und Uterusveränderungen zystischer Form, Östrogenen und Gebärmuttervereiterungen.

Bei Hündinnen wird um den Zeitpunkt des Eisprunges herum eine „Zickigkeit“ oder auch eine Art „Stutenbissigkeit“ gegenüber anderen Hündinnen beobachtet, wofür zumindest teilweise der erhöhte Östrogenspiegel verantwortlich ist.

Bei alten unkastrierten Rüden wird der teilweise nachlassende Sexualtrieb, die Veränderung der Muskulatur, das häufigere Vorkommen von Perianaltumoren, Perianalhernien und Hodentumoren mit dem steigenden Östrogenspiegel in Verbindung gebracht. Zumindest können obige Probleme bei östrogenproduzierenden Hodentumoren deutlich vermehrt beobachtet werden.

Östrogene werden durch die Kastration bei der Hündin und beim Rüden größtenteils weggenommen, da sie hauptsächlich in der Keimdrüse (Ovar und Hoden) gebildet werden. Dies hat, wie oben besprochen, positive und negative Effekte auf die Gesundheit der übrigen Östrogenrezeptororgane und das Verhalten. Es wird aber auch eine geringe Menge Östrogen außerhalb der Keimdrüse gebildet, die diesen Effekt zumindest teilweise mindert.

Bei bestimmten Krankheiten besonders älterer Tiere hat die operative Wegnahme der östrogenproduzierenden Keimdrüse eindeutig medizini-

sche Vorteile; zur Vorbeugung von Krankheiten gibt es zumindest bei der Hündin eindeutig positive Effekte und Argumente. Beim Rüden kommen diese östrogenbedingten Krankheiten hingegen recht selten vor, so dass eine vorbeugende Operation nur selten Sinn macht.

Testosterone

Testosteron heißt „das aus dem Hoden kommende Steroid“, weil es erstmals aus Stierhoden hergestellt wurde.

Es gilt gemeinhin als das männliche Hormon, kommt aber bei beiden Geschlechtern vor, allerdings in unterschiedlicher Konzentration.

Beim Rüden wird Testosteron zum größten Teil unter dem Einfluss des LH in den Leydig´schen Zwischenzellen im Hoden produziert. Die Nebennierenrinde bildet zwar auch kleine Mengen anderer Androgene, jedoch nur in sehr geringem Maße Testosteron. Bei der Hündin produzieren die Eierstöcke und die Nebennierenrinde ebenfalls geringe Mengen an Testosteron. In der Biosynthese des Körpers ist das Cholesterol eine Vorstufe und das Progesteron ein Zwischenprodukt in der Testosteronsynthese.

Testosteron hat Einfluss auf verschiedene Organe, so ist es zum Beispiel für die Entstehung des männlichen Phänotyps und für das Wachstum mitverantwortlich und sorgt für die Spermienproduktion. Über ein negatives Feedback hemmt Testosteron in der Hirnanhangsdrüse die Sekretion von luteinisierendem Hormon (LH) und im Hypothalamus die des Gonadoliberins, welches auch als Gonadotropin-Releasing Hormon (GnRH) bezeichnet wird.

Kappeler (2012) postuliert nach Untersuchungen von Ryan und Vandenbergh (2002) und Clark et al. bei Wüstenrennmäusen, dass bei Tieren, bei denen Mehrlingsgeburten die Regel sind, also auch den meisten Säugetieren, der adulte Testosteronspiegel maßgeblich von der Position der Föten im Uterus abhängig ist. Föten, die in der Gebärmutter zwischen zwei Weibchen liegen, weisen zumindest bei Kleinsäugern später eine niedrigere Testosteronkonzentration auf als Föten, die zwischen zwei männlichen Geschwistern liegen. In diesen Studien unterschieden sich erwachsene Tiere in ihrem Verhalten infolgedessen ganz eindeutig. Ob dies bei Hunden ebenfalls zutrifft, bleibt aber offen. Ein Teil des Testosteronverhaltens scheint allerdings auch beim Hund schon vorgeburtlich angelegt zu sein.

Testosteron hat eine Auswirkung auf die Ausprägung der Muskulatur beim Hund. Die Skelettmuskulatur wird vor allem in der frühen Phase bis zur Pubertät unter Testosteroneinfluss verstärkt ausgebildet. Es erfolgt eine Verfestigung des Bindegewebes und damit auch ein Einfluss auf die Fettverteilung (Bildung eines dreidimensionalen Netzwerkes im Bindegewebe, das Fett einbindet). Es findet eine Anregung der Talgdrüsen statt.

Ein erhöhter Testosteronspiegel ist unter anderem mit verstärktem Wettbewerbsverhalten gekoppelt.

Die Wechselwirkungen mit den anderen Steroiden im Körper sind unbestritten, allerdings aufgrund der Komplexität immer noch nicht genau erforscht. Sehr hohe Testosteronspiegel scheinen den Cortisolspiegel zu senken, mäßig hohe Testosteronspiegel hingegen steigern eher den Cortisolspiegel. Dies beeinflusst sowohl den Stresslevel als auch den Immunhaushalt des Körpers, allerdings schwankt schon der normale Testosteronwert beim Hund recht stark.

Bezüglich der Verhaltensauswirkung haben wir das gleiche Problem in der Beurteilung. Ein erhöhter Testosteronspiegel ist gekoppelt mit verstärktem Wettbewerbsverhalten und erhöhtem Balzverhalten, verstärktem Revierverhalten und verstärktem Markierverhalten. Hier kann aber das Verhalten auch Einfluss auf die Höhe des Testosteronspiegels haben. Der Testosteronspiegel kann außerdem vom sozialen Status, der Jahreszeit, dem Futter und vielen anderen äußeren Faktoren abhängen.

Ähnlich wie beim Oxytocin scheint nicht so sehr die Testosteronkonzentration im Blutspiegel, als vielmehr die Dichte und Empfänglichkeit (beziehungsweise deren Konditionierung) der Rezeptoren die Wirkung zu beeinflussen. Testosterone werden beim männlichen und weiblichen Tier durch die Kastration zum größten Teil reduziert, da sie hauptsächlich im Hoden oder Ovar produziert werden.

Progesteron

Progesteron wird meist als Schwangerschaftshormon bezeichnet, der Name ist allerdings ein Kunstname aus „Progestional Steroid Keton".

Das Progesteron ist der wichtigste Vertreter der Gestagene (Gelbkörperhormone). Die Verbindung gehört zur Gruppe der Sexualsteroide, die bei Hündinnen hauptsächlich vom Gelbkörper in der zweiten Phase des Zyklus (Östrus) und, in wesentlich höheren Mengen, während der Trächtigkeit von der Plazenta gebildet wird. Bei Rüden wird Progesteron hauptsächlich in den Hoden produziert. Geringe Progesteronmengen werden auch in der Nebennierenrinde synthetisiert, ebenso wie im Organismus Progesteron in geringen Mengen aus Cholesterin gebildet wird. Die Ausschüttung von Progesteron wird durch LH stimuliert. Die Freisetzung bewirkt die für die Einnistung der befruchteten Eizellen (Nidation) benötigte Veränderung und den Umbau der proliferierten Gebärmutterschleimhaut (Endometrium), besonders deren Lamina functionalis (Teil der Gebärmutterschleimhaut), die dadurch drüsenreich und stark durchblutet wird, sowie eine Anpassung der Gebärmuttermuskulatur an den wachsenden Embryo. In manchen steroidproduzierenden Zellen der Gonaden ist das Progesteron ein Ausgangsstoff für die Synthese von Testosteronen und Östrogenen. Progesteron wird zu Pregnandiol umgebaut (metabolisiert) und nach einer Glucuronodierung über den Urin ausgeschieden und kann dort auch als Schwangerschaftsnachweis verwendet werden. Das Progesteron steigt nach dem Eisprung an. In der Regel ist dies bei Raubtieren nur von kurzer Dauer, wenn keine Befruchtung stattgefunden hat. Bei Hunden ist der Rückgang aber nicht so schnell, da der Gelbkörper mehrere Monate im Eierstock verbleibt (meistens mindestens so lange, wie ansonsten eine Schwangerschaft dauern würde). Deshalb entsteht bei der Hündin häufig eine Scheinschwangerschaft und es kann sich auch der Spiegel des Prolaktins erhöhen.

Außer den Sexualhormonwirkungen kann Progesteron die Verstoffwechselung von Fetten und die Wasserausscheidung aus dem Gewebe fördern, das Bindegewebe festigen, stimmungsaufhellend wirken, die Verwertung von Schilddrüsenhormonen verbessern, Thrombosen verhindern, die Insulinproduktion normalisieren und/ oder die Prostata regulieren.

Bei der Kastration wird der aus den Gonaden (Ovar und Hoden) kommende Anteil der Progesterone dauerhaft reduziert, aber je nach Zyklusstand zum Operationszeitpunkt und der Operationsmethode (teilweise oder vollständige Entnahme der Gebärmutter) bleibt der Gebärmutteran-

teil der Progesterone teilweise erhöht. Auch aus der Nebennierenrinde wird weiter eine kleine Menge gebildet.

Dies erklärt, warum man bei Hündinnen, die ausgeprägt scheinschwanger werden, dazu rät, sie recht bald nach der Läufigkeit zu kastrieren und nicht erst zwei bis drei Monate danach, wenn der Progesteronspiegel bereits stark erhöht ist.

Das Horten und Umsorgen von Spielzeug als „Babyersatz" deutet auf eine Scheinschwangerschaft hin.

Ist die Scheinschwangerschaft bereits eingetreten, bleibt nichts anderes übrig, als deren Ende und ein Absinken des Progesterons abzuwarten und dann zu kastrieren. Allerdings kommt es auch vor, dass die Scheinschwangerschaft so lange anhält, dass die Hündin gleich anschließend wieder läufig wird. In diesem Fall sollte dann also wiederum recht bald nach der Läufigkeit operiert werden.

Beim Progesteron ist nicht der absolute Blutspiegel für die medizinischen Auswirkungen und die auf Verhaltensebene zuständig, sondern es ist vor allem das Mischungsverhältnis von Progesterinen und Östrogenen, das eine Rolle spielt.

Prolaktin

Prolaktin wird auch als „Elternhormon" bezeichnet. Seine direkte Übersetzung ist „vor der Milch".

Prolaktin, manchmal auch laktotropes Hormon (LTH) oder Laktotropin genannt, ist ein Hormon, das in den laktotropen Zellen im Hypophysenvorderlappen (HVL) gebildet wird und vor allem für das Wachstum und die Ausdifferenzierung der Milchleiste im Verlauf der Trächtigkeit und für die Milchsekretion (Laktation) verantwortlich ist, und ferner psychische Funktionen besitzt. Bei der Hündin ist Prolaktin in der zweiten Hälfte des Zyklus (auch in der Trächtigkeit) für den Erhalt des Gelbkörpers zuständig. Außerdem unterdrückt es auch den Follikelsprung (Eisprung). Diese schwangerschaftsverhütende Wirkung bezeichnet man als Laktationsanöstrie.

Prolaktin löst bei allen bisher dahingehend untersuchten Säugetierarten sowie auch bei vielen anderen Wirbeltieren Brutpflegeverhalten aus; und zwar sowohl bei Weibchen als auch bei Männchen, sofern diese an der Brutpflege beteiligt sind. Auch beim Menschen ist kurz vor der Geburt ihres Kindes beim Lebensgefährten einer Schwangeren ein Anstieg des Prolaktinspiegels festzustellen, allerdings ein deutlich niedrigerer als bei den Müttern. Dies kann auch bei im Haushalt mit einer Hündin zusammenlebenden Rüden beobachtet werden, unabhängig davon, ob dieser der Vater des Wurfes ist. Interessant ist übrigens auch, dass wissenschaftliche Studien bewiesen haben, dass sogar bei Hündinnen und Rüden von hoch schwangeren Frauen der Prolaktinspiegel ansteigt.

Die Freisetzung von Prolaktin wird durch Botenstoffe aus dem Hypothalamus geregelt und erfolgt vermehrt während der zweiten Nachthälfte. Die Prolaktinausschüttung unterliegt dabei einem komplexen Zusammenspiel vieler Faktoren, wobei die Hemmung durch Dopamin (= Prolaktostatin) als wesentlicher Kontrollmechanismus gilt. Im Gegensatz zu Dopamin wirken andere hypothalamische Faktoren stimulierend auf die Prolaktinfreisetzung, wie etwa Thyreotropin-Releasing Hormon TRH, Vasoaktives intestinales Peptid VIP, Angiotensin II, endogene Opioide, Oxytocin und vielleicht das Prolaktin-Releasing-Hormon PRH. Bis heute wurde allerdings kein Hormon entdeckt, dessen primäre Wirkung in der Stimulation der Prolaktinausschüttung besteht. Ferner fördern Stress, Non-REM-Schlaf und Unterzuckerung die Freisetzung.

Prolaktin wird durch die Kastration nicht direkt beeinflusst, da es in der Hirnanhangsdrüse gebildet wird.

GnRH/ FSH/ LH

Die regulierenden indirekten Sexualhormone übernehmen den Informationstransfer zwischen den übergeordneten Hirndrüsen und den Zielorganen und haben als solche, obwohl sie keine echten Sexualhormone mit eigener Wirkung sind, eine wichtige Aufgabe im Regelkreis.

GnRH (Gonadotropin-Releasing Hormon)

oder auch Gonadoliberin wird im Hypothalamus synthetisiert und pulsatil, das heißt in Stößen von 90 bis 120 Minuten, ins Blut abgegeben. Diese periodische Form der Stimulierung ist Voraussetzung für die Gonadotropin-Sekretion (FSH und LH) durch die Hypophyse. GnRH ist quasi die oberste

Instanz für die indirekten Sexualhormone FSH und LH. Das Hormon regt über einen Gonadotropin-Releasing Hormonrezeptor die Hirnanhangsdrüse an, die Hormone FSH und LH auszuschütten, die die Funktion der Eierstöcke und der Hoden regulieren. Dieser Rezeptor für Gonadoliberin ist auch in der Brustdrüse, den Lymphozyten, dem Eierstock und der Prostata vorhanden.

FSH

Das follikelstimulierende Hormon (FSH) oder auch Follitropin genannt, ist ein Glykoprotein, das bei beiden Geschlechtern im Vorderlappen der Hirnanhangdrüse (Hypophyse) gebildet wird. Es führt bei der Hündin zum Eizellenwachstum im Eierstock (Follikelwachstum) und der Eizellenreifung (Follikelreifung) und regt beim Rüden die Spermienbildung (Spermatogenese) an. Die Ausschüttung des FSH wird durch das zugehörige Freisetzungs-Hormon, das Gonadotropin-Releasing-Hormon (GnRH) geregelt.

LH

Das luteinisierende Hormon (LH), auch „gelbfärbendes Hormon" oder Lutropin genannt, zählt zu den indirekten Sexualhormonen, die die Fortpflanzung regeln. Bei der Hündin fördert es den Eisprung und die Gelbkörperbildung. Beim Rüden wird es auch als Interstitial cell stimulating hormone (ICSH) bezeichnet. Bei beiden Geschlechtern ist es gemeinsam mit dem FSH für die Reifung und Produktion der Geschlechtszellen verantwortlich: Ovulation (Eisprung) bei der Hündin bzw. Spermienreifung beim Rüden.

Gebildet wird das LH im Hypophysenvorderlappen (HVL) nach Stimulation durch das Gonadotropin-Releasing-Hormon (GnRH). Beim Rüden stimuliert LH die Bildung des Testosterons in den Leydig'schen Zwischenzellen des Hodens. Bei der Hündin ist vor dem Eisprung ein steiler Anstieg der LH-Konzentration im Blut bewiesen, der danach schnell wieder abklingt. Sollte es, beispielsweise wegen einer Krankheit, zu verringerter oder gar keiner LH-Ausschüttung kommen, erfolgt kein Eisprung. LH steigert auch indirekt die Östrogenproduktion.

FSH, LH und in geringerem Rahmen auch GnRH werden in der Nutztierpraxis routinemäßig zur Steuerung der Fruchtbarkeit eingesetzt und sind dort sehr gut erforscht. Beim Hund werden diese Hormone seltener in der Fruchtbarkeitstherapie verwendet, aber teils zur Blockierung (vergl. Kastrationschip). Es fehlen aber fundierte umfangreiche wissenschaftliche Arbeiten zu genauen Wirkungen und Nebenwirkungen unter allen Aspekten.

Außerdem haben sicherlich Schilddrüsenhormone, Adrenalin, Noradrenalin, Cortisole, Vasopressin, Wachstumshormone, Dopamin, Serotonin, Insulin und wahrscheinlich auch alle anderen Körperhormone Einfluss auf die Sexualhormone oder sind in irgendeiner Form selber indirekte Sexualhormone. Hier wird sicherlich in den nächsten Jahrzehnten noch vieles, aber nicht alles erforscht werden.

!

Zusammenfassend kann also gesagt werden, dass außer den Hormonen, die hauptsächlich in den Gonaden gebildet werden (Östrogen und Testosteron), alle anderen direkten und indirekten Sexualhormone, die aus den verschiedenen Hirndrüsen (Hypothalamus, HHL, HVL) kommen, durch die Kastration nicht direkt beeinflusst werden!

Aber selbst diese beiden Hormone haben eine erhebliche rezeptorabhängige und nicht unbedingt eine rein konzentrationsabhängige Wirkung und können außerdem in geringen Mengen auch noch an anderen Körperstellen produziert werden. Deshalb kann nicht genau vorhergesagt werden, was nach der Entfernung der Keimdrüsen im Organismus und der Psyche passiert, insbesondere nicht, wenn man die individuellen anderen externen Einflüsse wie Futter, Haltungsbedingungen, Stresslevel und viele weitere berücksichtigt.

Dutzende von anderen Faktoren hormoneller und nicht hormoneller Natur beeinflussen die Sexualhormone. Gleichzeitig beeinflussen die Sexualhormone all die anderen Hormone und Regelkreise im Körper (wie zum Beispiel Schilddrüse, Fettstoffwechsel, Stresshormone usw.). Das wiederum bedeutet, dass so komplexe Vorgänge wie die Ausformung bzw. Änderung des Verhaltens nicht zuverlässig vorausgesagt werden können. Lediglich bei den beiden Hormonen, die direkt auf das Sexualverhalten einwirken (Östrogen und Testosteron), können einigermaßen zuverlässige Annahmen geäußert werden, was nach der Kastration passiert.

Die Kastrationsstudie 2012

von Dr. Michael Lehner, Tierklinik Teisendorf

und Clarissa v. Reinhardt, animal learn

Warum eine neue Studie?

Wie im Vorwort bereits erwähnt, fiel uns bei den Recherchen zu diesem Buch auf, dass es seit über zehn Jahren keine gesicherten Daten zum Thema Kastration/ Sterilisation beim Hund gibt. Dennoch gibt es viele Veröffentlichungen mit unbelegten Behauptungen, die es zu überprüfen galt, da sie zu einer starken Verunsicherung bei Hundehaltern, Trainern und auch Tierärzten geführt haben.

Wie die Studie angelegt wurde

Uns war vor allem wichtig, bei den Haltern nachzufragen, die wirklich Erfahrung mit kastrierten Hunden haben, weshalb nur Daten von kastrierten oder sterilisierten Hunden gesammelt wurden.

Zusätzlich wollten wir Angaben aus einem möglichst weiten Verbreitungsgebiet, nicht nur aus einer bestimmten Gegend oder selektierter Haltungsform. Ebenso war uns wichtig, möglichst viele unterschiedliche Rassen bzw. Mischlinge aus möglichst vielen Altersgruppen zu erfassen. Das Alter und Gewicht bei Kastration wurde ebenfalls abgefragt.

Bei den Haltern wollten wir eine möglichst große Bandbreite von Berufen, Altersgruppen und Wohnorten (ländlich, städtisch, im Umland) erfassen. Eine Verifizierung der Halter durch eine Datenerhebung, die Name und Anschrift beinhaltet, war uns wichtig, um Mehrfachnennung oder andere Manipulationen auszuschließen.

Unsere Zielsetzung war, mindestens 1.000 auswertbare Bögen im Rücklauf zu erhalten, um signifikante Zahlen liefern zu können.

Wie wurde die Studie durchgeführt?

Der Fragebogen wurde durch uns erstellt, die anschließende Verteilung erfolgte über Tierärzte, Tierheilpraktiker und Hundetrainer als Multiplikatoren an Hundehalter, die den Bogen selbständig ausgefüllt an uns zurückschickten.

Der Bogen wurde ganz bewusst nicht im Internet verbreitet, um gewollten Manipulationen – von welcher Seite auch immer – entgegenzuwirken.

Fragebogen zur Kastration bzw. Sterilisation eines Hundes

Angaben zum Tierhalter

Name: ____

PLZ, Wohnort: ____

Wohnen Sie ☐ ländlich ☐ städtisch ☐ im Stadtumland

Sind Sie ☐ männlich ☐ weiblich

Ihr Geburtsjahr: ____

Angaben zum Hund

Rasse: ____________________________ geb: ____________

☐ männlich ☐ weiblich ☐ kastriert ☐ unkastriert

Gewicht ca.: ________________ Alter bei Kastration: ____________

Welche Operationstechnik wurde bei Ihrer Hündin durchgeführt?

☐ Entfernung der Eierstöcke
☐ Entfernung der Eierstöcke und Gebärmutter
☐ Unterbindung der Eileiter

Welche Operationstechnik wurde bei Ihrem Rüden durchgeführt?

☐ Entfernung der Hoden
☐ Unterbindung der Samenleiter

Wann wurde Ihre Hündin kastriert?

☐ vor der ersten Läufigkeit ☐ nach der _____ Läufigkeit

Wurde der Zyklus Ihrer Hündin vor der Operation kontrolliert?

- ☐ ja, über Vaginalabstrich
- ☐ ja, über Bluttest
- ☐ ja, über Errechnung seit der letzten Läufigkeit
- ☐ nein
- ☐ meine Hündin wurde während der Läufigkeit operiert
- ☐ meine Hündin wurde kastriert, während sie tragend war
- ☐ meine Hündin wurde mit Durchführung eines Kaiserschnitts kastriert

Warum haben Sie Ihren Hund kastrieren lassen?
(Mehrfachnennung möglich)

- ☐ Geburtenkontrolle
- ☐ andere medizinische Gründe, nämlich

____

____

____

Wurden Ihre Erwartungen erfüllt? ☐ **ja** ☐ **nein** ☐ **teilweise**

Verhaltensgründe, nämlich

☐ unerwünschtes Jagdverhalten
Wurden Ihre Erwartungen erfüllt? ☐ ja ☐ nein ☐ teilweise

☐ Aggressionsprobleme gegenüber Artgenossen
Wurden Ihre Erwartungen erfüllt? ☐ ja ☐ nein ☐ teilweise

☐ Aggressionsprobleme gegenüber Menschen
Wurden Ihre Erwartungen erfüllt? ☐ ja ☐ nein ☐ teilweise

☐ Streunen, unerwünschtes Entfernen vom Grundstück
Wurden Ihre Erwartungen erfüllt? ☐ ja ☐ nein ☐ teilweise

☐ Hyperaktivität
Wurden Ihre Erwartungen erfüllt? ☐ ja ☐ nein ☐ teilweise

☐ Leichtere Erziehbarkeit
Wurden Ihre Erwartungen erfüllt? ☐ ja ☐ nein ☐ teilweise

☐ Unsicherheit, Ängstlichkeit
Wurden Ihre Erwartungen erfüllt? ☐ ja ☐ nein ☐ teilweise

Wer hat Sie über die Kastration/ OHE/ OE informiert?
(Mehrfachnennung möglich)

- [ ] Tierarzt
- [ ] Hundetrainer
- [ ] Internet
- [ ] Literatur
- [ ] Freunde
- [ ] Tierschutzverein
- [ ] andere

Fühlten Sie sich gut und objektiv beraten? ☐ ja ☐ nein

Bitte kreuzen Sie an, ob es bei Ihrem Hund zu den folgenden Veränderungen kam:

Gewichtsveränderung	☐ ja	☐ nein
Veränderungen der Haut/ des Fells	☐ ja	☐ nein
Harnträufeln/ Inkontinenz	☐ ja	☐ nein
Muskuläre Veränderungen	☐ ja	☐ nein
Knöcherne Veränderungen	☐ ja	☐ nein

Haben Sie die Ernährung Ihres Hundes nach der Kastration verändert?

- [ ] nein
- [ ] ja, ich füttere jetzt _____% weniger
- [ ] ja, ich füttere jetzt _____% mehr

Hat/ Haben sich folgende Verhaltensweisen bzw. Wesensmerkmale Ihres Hundes nach der Operation verändert:

das Spielverhalten	☐ ja	☐ nein
die Aktivitätsphasen	☐ ja	☐ nein
die Ausgeglichenheit	☐ ja	☐ nein
die Schlafgewohnheiten	☐ ja	☐ nein
die Lebensfreude	☐ ja	☐ nein

Wie viele Hunde halten Sie? _____ **Rüden** _____ **Hündin(nen)**

Wie viele davon sind kastriert? _____ **Rüden** _____ **Hündin(nen)**

Würden Sie Ihren Hund nach Ihren Erfahrungen wieder kastrieren lassen?
☐ ja ☐ nein ☐ weiß nicht

VIELEN DANK FÜR IHRE MITARBEIT! ☺

Die Auswertung der Studie

Die Eingabe und Auswertung nahmen wir selbst vor, um eine evtl. Fehlerquote bei Fremdeinspeisung zu vermeiden. Anschließend wurden die Daten elektronisch und im Original archiviert, um die Beweisbarkeit zu sichern.

!

Bei der Nennung der Ergebnisse, wie im Folgenden aufgeführt, haben wir uns ganz bewusst strikt an das Zahlenmaterial gehalten und keine eigenen Interpretationen beigefügt. Unsere Meinung zu den Operationstechniken und Gründen haben wir in den entsprechenden Kapiteln dargelegt.

Ergebnisse der Studie

Insgesamt wurden 1.271 Bögen an uns zurückgesandt, von denen 150 nicht ausgewertet wurden, da die Daten unvollständig, nicht eindeutig nachvollziehbar oder nicht eindeutig zuzuordnen waren. Somit verblieben 1.121 auswertbare Bögen, von denen 625 Antworten zur Hündin kamen, was 55,75% aller auswertbaren Antworten entspricht und 496 Antworten zum Rüden, was 44,25% entspricht.

Die Befragten kommen aus Deutschland, Österreich, der Schweiz und Italien. Somit sind zwei wesentliche Ziele erreicht: Es sind mindestens 1.000 auswertbare Bögen zusammengekommen, die von Menschen aus ganz unterschiedlichen Regionen stammen.

Teilnehmende Hundehalter

Es nahmen 162 Männer teil, was 14,45% aller Teilnehmer entspricht und 959 Frauen, was 85,55% entspricht. Die deutliche Mehrheit der Frauen als verantwortlichen Halter stimmt mit unseren Erfahrungswerten aus der Hundeschule und der Tierklinik überein und ist auch in anderen Studien zu finden, in denen es um die Befragung von Hundehaltern über ihr Tier geht. Die unten aufgeführten Daten machen deutlich, dass auch unsere Zielsetzung erreicht wurde, Personen unterschiedlichen Alters und aus unterschiedlichem Wohnumfeld zu befragen.

Alter der Hundehalter	Anzahl	in Prozent
unter 20 Jahre	7 Personen	0,62%
20 – 29 Jahre	118 Personen	10,53%
30 – 39 Jahre	209 Personen	18,64%
40 – 49 Jahre	410 Personen	36,57%
50 – 59 Jahre	244 Personen	21,76%
60 – 69 Jahre	87 Personen	7,76%
70 und älter	29 Personen	2,59%
keine Angabe	17 Personen	1,52%

Wohngegend	Anzahl	in Prozent
städtisch	202 Personen	17,02%
ländlich	658 Personen	58,70%
Umland	260 Personen	23,19%
keine Angabe	1 Person	0,09%

Aufgrund der vielen unterschiedlichen Angaben ist es nicht möglich, alle angegebenen Berufe/ Berufsgruppen aufzuführen, die von den Haltern angegeben wurden, sie zeigen jedoch, dass auch bei diesem Punkt ein repräsentativer Querschnitt vertreten ist.

Teilnehmende Hunde

Insgesamt bekamen wir Angaben über 1.121 Hunde, von denen etwas mehr als die Hälfte in Gruppen gehalten wurden.

Einzelhaltung:	521 Hunde	46,48 %
Gruppenhaltung:		
2 Hunde	326 Hunde	29,08 %
3 Hunde	91 Hunde	8,12 %
4 Hunde	54 Hunde	4,82 %
5 Hunde	44 Hunde	3,93 %
> als 5 Hunde	78 Hunde	6,96 %
TOTAL:	**593 Hunde**	**52,90 %**
keine Angaben	bei 7 Hunden	0,62 %

Neben Mischlingen nahmen folgende Rassen an der Studie teil:
Airdale Terrier, Akita Inu, Altdeutscher Hütehund, Amerikanischer Cocker Spaniel, American Pitbull, American Staffordshire Terrier, Appenzeller Sennenhund, Australian Shepherd, Azawakh, Basenji, Beagle, Basset Griffon, Bearded Collie, Berner Sennenhund, Bolonka Zwetna, Border Collie, Border Terrier, Boxer, Canaan Dog, Cairn Terrier, Cane Corso, Cattledog, Chesapeak Bay Retriever, Chihuahua, Cocker Spaniel, Collie, Continental Bulldog, Dackel, Dalmatiner, Deutsch Drahthaar, Deutsche Dogge, Deutscher Schäferhund, Dobermann, Dogo Argentino, Elo, Englische Bulldogge, Englischer Setter, Entlebucher Sennenhund, Epagneul Breton, Eurasier, Flat Coated Retriever, Galgo Espanol, Golden Retriever, Groenendael, Großer Münsterländer, Havaneser, Hovawart, Italienisches Windspiel, Islandhund, Jack Russel Terrier, Kangal, Kromfohrländer, Labrador, Labradoodle, Lagotto Romagnolo, Lakeland Terrier, Landseer, Leonberger, Magyar Vizsla, Malinois, Malteser, Manchester Terrier, Maremmano, Mini Bullterrier, Mittelschnauzer, Mops, Norwich Terrier, Österreichischer Pinscher, Ogar Polski, Parson Russell Terrier, Pastor Garafiano, Pekinese, Pinscher, Podenco, PON, Presa Canario, Pyrenäenberghund, Puli, Riesenschnauzer, Rhodesian Ridgeback, Rottweiler, Russischer Terrier, Schafpudel, Schapendoes, Shar Pei, Sheltie, Shiba Inu, Siberian Husky, Soft Coated Wheaten Terrier, Spanischer Wasserhund, Staffordshire Bullterrier, Tervueren, Tibet Terrier, Tschechoslowakischer Wolfshund, Weller, Welsh Terrier, Yorkshire Terrier, Zwergpinscher, Zwergpudel, Zwergschnauzer.

Die meisten der befragten Halter haben Mischlinge, aber auch seltenere Rassen, wie der Islandhund, waren vertreten.

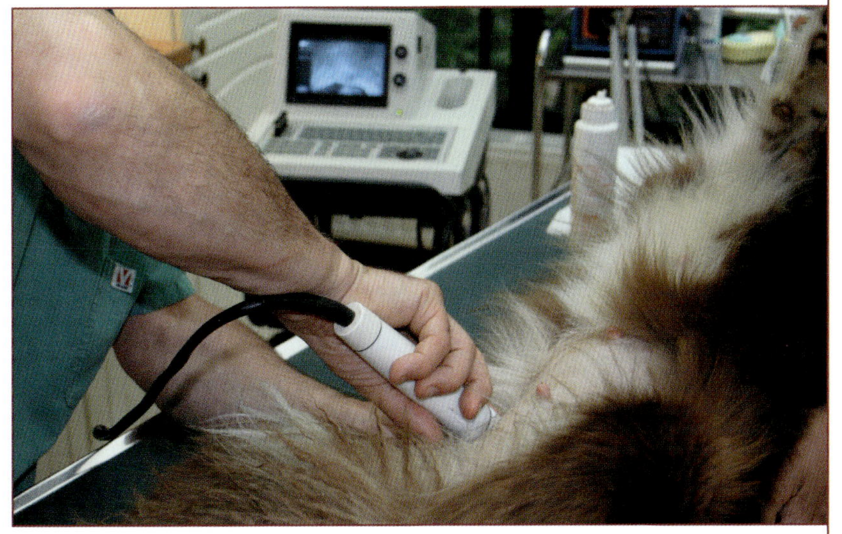

Eine Ultraschall-untersuchung kann bei einer Hündin sinnvoll sein, wenn unklar ist, ob sie bereits kastriert ist oder nicht.

Operationstechniken Hündinnen

Unter einer OHE versteht man das Entfernen von Eierstöcken und Gebärmutter, bei der OE werden nur die Eierstöcke entfernt, die Gebärmutter verbleibt im Unterleib. Bei der Ligation werden die Eileiter abgebunden, man spricht von einer Sterilisation.

OHE	482 Hunde	77,12%
OE	87 Hunde	13,92%
Ligation	7 Hunde	1,12%
weiß nicht	49 Hunde	7,84%

Bei den 49 Hunden, bei denen die Halter keine Angaben über die Operationstechnik machen konnten, handelt es sich meist um adoptierte Hunde aus dem Tierschutz, bei denen die Halter nicht wissen, wie sie operiert wurden.

Zeitpunkt der Operation bei den Hündinnen

vor der Geschlechtsreife	138 Hunde	22,08%
nach der Geschlechtsreife	457 Hunde	73,12%
während der 1. Läufigkeit	1 Hund	0,16%
weiß nicht	29 Hunde	4,64%

Auch hier stammen wieder die meisten Hunde, bei denen die Halter keine Angaben über den Operationszeitpunkt machen konnten, aus dem Tierschutz und wurden bereits kastriert übernommen.

Gründe, weshalb Hündinnen kastriert/ sterilisiert wurden
(teils vorhanden, teils Prophylaxe, Mehrfachnennung möglich)

Geburtenkontrolle:	**465 Hunde**	**74,40 % aller Hündinnen**
andere medizinische Gründe:	**256 Hunde**	**40,96 % aller Hündinnen**
		Anteil der med. Gründe
Krebsprophylaxe	132 Hunde	51,56 %
Scheinträchtigkeit	45 Hunde	17,58 %
Pyometra	36 Hunde	14,06 %
Ovarzysten	24 Hunde	9,38 %
Zuchtausschluss	5 Hunde	1,95 %
Sectio	4 Hunde	1,56 %

Epilepsie, Mastitis, Blutungen, Cystitis, Deckversuche, Trächtigkeit, Vaginitis, vor OP „unsauber“	je 1 Hund
ohne Angaben	2 Hunde

Wir fragten nach, ob die medizinischen Erwartungen nach der Operation erfüllt wurden und erhielten 336 Antworten.

ja	317 Hunde	94,35 %
nein	5 Hunde	1,49 %
teilweise	14 Hunde	4,17 %

Die hohe Anzahl der erfüllten Erwartungen erklärt sich aus der Notwendigkeit der Operation im Krankheitsfall bzw. der Unfruchtbarmachung durch die Kastration.

Für die meisten der befragten Halter war Geburtenkontrolle der Hauptgrund für die Kastration ihrer Hündin.

Operationstechniken beim Rüden

Bei der Ligation werden die Samenleiter unterbunden, man spricht von einer Sterilisation. Bei einer Kastration werden die Hoden entfernt.

Kastration	484 Hunde	97,58%
Ligation	10 Hunde	2,02%
weiß nicht	2 Hunde	0,40%

Erstaunlich fanden wir die Angabe „weiß nicht" bei zwei Rüden. Vielleicht hätte der Halter einfach mal nachschauen sollen... ☺

Gründe, weshalb Rüden kastriert/ sterilisiert wurden

(teils vorhanden, teils Prophylaxe, Mehrfachnennung möglich)

Geburtenkontrolle:	**216 Hunde**	**43,55% aller Rüden**
andere medizinische Gründe:	**107 Hunde**	**21,57% aller Rüden**
		Anteil der med. Gründe
Hypersexualität	28 Hunde	26%
Prostataerkrankungen	19 Hunde	18%
Präputialkatarrh	15 Hunde	14%
Kryptorchismus	15 Hunde	14%
Stress	9 Hunde	8%
Hodentumor	8 Hunde	7%
Epilepsie	3 Hunde	3%

Abszess am Hoden, Allergie, Analhernie, Blut im Urin, Blut aus Penis, hohe Hormonwerte, Magen-Darm-Infekt, Ruhelosigkeit, Verletzung beim Deckakt, Wundlecken — je 1 mal

Wir fragten nach, ob die medizinischen Erwartungen nach der Operation erfüllt wurden und erhielten 99 Antworten.

ja	93 Hunde	93,94%
nein	5 Hunde	5,05%
teilweise	1 Hund	1,03%

Außerdem fragten wir nach verschiedenen Verhaltensgründen, die den Halter zur Kastration/ Sterilisation bewogen.

Unerwünschtes Jagdverhalten

Bei 65 Rüden (dies entspricht 13,10 % aller männlichen Tiere) und 49 Hündinnen (dies entspricht 7,84 % aller weiblichen Tiere) wurde dieser Grund genannt. Wir fragten nach dem Erfolg der Kastration/ Sterilisation in Bezug auf dieses Verhalten.

Rüde	Hündin
65 = 13,10 % aller Rüden	**49 = 7,84 % aller Hündinnen**
Erfolg: (von 65)	Erfolg: (von 49)
ja = 18 Hunde = 27,69 %	ja = 15 Hunde = 30,61 %
nein = 30 Hunde = 46,15 %	nein = 26 Hunde = 53,06 %
teilweise = 17 Hunde = 26,15 %	teilweise = 8 Hunde = 16,33 %

Es konnte also entgegen mancher Behauptungen von Kollegen nicht festgestellt werden, dass sich das Jagdverhalten durch die Operation verschlimmert. Ca. 50 % der Halter gaben sogar eine Verbesserung an.

Innerartliche Aggression

Bei 178 Rüden (dies entspricht 35,89 % aller männlichen Tiere) und 58 Hündinnen (dies entspricht 9,28 % aller weiblichen Tiere) wurde dieser Grund genannt. Wir fragten nach dem Erfolg der Kastration/ Sterilisation in Bezug auf dieses Verhalten.

Rüde	Hündin
178 = 35,89 % aller Rüden	**58 = 9,28 % aller Hündinnen**
Erfolg: (von 178)	Erfolg: (von 58)
ja = 86 Hunde = 48,31 %	ja = 32 Hunde = 55,17 %
nein = 42 Hunde = 23,60 %	nein = 17 Hunde = 29,31 %
teilweise = 50 Hunde = 28,09 %	teilweise = 9 Hunde = 15,52 %

!

Die innerartliche Aggression stellt bei Rüden häufiger ein Problem dar als bei Hündinnen. Bei beiden Geschlechtern gaben die Halter deutliche Verbesserungen nach der Operation an.

Aggression gegenüber Menschen wurde bei Rüden häufiger als Kastrationsgrund angegeben als bei Hündinnen.

Aggression gegenüber Menschen

Bei 73 Rüden (dies entspricht 14,52 % aller männlichen Tiere) und 39 Hündinnen (dies entspricht 6,24 % aller weiblichen Tiere) wurde dieser Grund genannt. Wir fragten nach dem Erfolg der Kastration/ Sterilisation in Bezug auf dieses Verhalten.

Rüde	Hündin
73 = 14,52 % aller Rüden	**39 = 6,24 % aller Hündinnen**
Erfolg: (von 73)	Erfolg: (von 39)
ja = 32 Hunde = 43,84 %	ja = 21 Hunde = 53,85 %
nein= 22 Hunde = 30,14 %	nein = 15 Hunde = 38,46 %
teilweise = 19 Hunde = 26,03 %	teilweise = 3 Hunde = 7,69 %

Bei Rüden wurde dieses Problem viel häufiger angegeben als bei Hündinnen. Bei beiden Geschlechtern gaben die Halter eine deutliche Verbesserung nach der Operation an.

Unerwünschtes Streunen

Bei 97 Rüden (dies entspricht 19,56 % aller männlichen Tiere) und 40 Hündinnen (dies entspricht 6,40 % aller weiblichen Tiere) wurde dieser Grund genannt. Wir fragten nach dem Erfolg der Kastration/ Sterilisation in Bezug auf dieses Verhalten.

Rüde	Hündin
97 = 19,56 % aller Rüden	**40 = 6,40 % aller Hündinnen**
Erfolg: (von 97)	Erfolg: (von 40)
ja = 66 Hunde = 68,04 %	ja = 21 = 52,50 %
nein = 14 Hunde = 14,43 %	nein = 17 = 42,50 %
teilweise = 17 Hunde = 17,53 %	teilweise = 2 = 5,00 %

Bei Rüden wurde dieser Grund viel häufiger angegeben als bei Hündinnen. Nach Angaben der Halter stellten sich bei den Rüden nach der Operation bessere Erfolge als bei den Hündinnen ein.

137 Hundehalter gaben an, mit der Kastration unerwünschtes Streunen verhindern zu wollen.

Hyperaktivität

Bei 139 Rüden (dies entspricht 28,02 % aller männlichen Tiere) und 47 Hündinnen (dies entspricht 7,52 % aller weiblichen Tiere) wurde dieser Grund genannt. Wir fragten nach dem Erfolg der Operation in Bezug auf dieses Verhalten.

Rüde	Hündin
139 = 28,02 % aller Rüden	**47 = 7,52 % aller Hündinnen**
Erfolg: (von 139)	Erfolg: (von 47)
ja = 77 Hunde = 55,40 %	ja = 20 Hunde = 42,55 %
nein = 31 Hunde = 22,30 %	nein = 15 Hunde = 31,91 %
teilweise = 31 Hunde = 22,30 %	teilweise = 12 Hunde = 25,53 %

Bei Rüden wurde dieser Grund viel häufiger angegeben als bei Hündinnen. Bei Rüden scheint die Kastration/ Sterilisation noch besser als bei Hündinnen anzusprechen, aber auch bei diesen gibt es Erfolge.

Leichtere Erziehbarkeit

Bei 141 Rüden (dies entspricht 28,43 % aller männlichen Tiere) und 45 Hündinnen (dies entspricht 7,20 % aller weiblichen Tiere) wurde dieser Grund genannt. Wir fragten nach dem Erfolg der Operation in Bezug auf dieses Verhalten.

Rüde	Hündin
141 = 28,43 % aller Rüden	**45 = 7,20 % aller Hündinnen**
Erfolg: (von 141)	Erfolg: (von 45)
ja = 85 Hunde = 60,28 %	ja = 17 Hunde = 37,78 %
nein = 26 Hunde = 18,44 %	nein = 16 Hunde = 35,56 %
teilweise = 30 Hunde = 21,28 %	teilweise = 12 Hunde = 26,67 %

Auch die leichtere Erziehbarkeit wurde bei Rüden viel häufiger als Grund angegeben als bei Hündinnen. Bei Rüden scheint die Kastration/ Sterilisation deutlich erfolgreicher als bei Hündinnen anzuschlagen, aber auch bei diesen gibt es Erfolge.

Angst/ Unsicherheit

Bei 64 Rüden (dies entspricht 12,90% aller männlichen Tiere) und 53 Hündinnen (dies entspricht 8,48% aller weiblichen Tiere) wurde dieser Grund genannt. Wir fragten nach dem Erfolg der Operation in Bezug auf dieses Verhalten.

Rüde	Hündin
64 = 12,90% aller Rüden	**53 = 8,48% aller Hündinnen**
Erfolg: (von 64)	Erfolg: (von 53)
ja = 16 Hunde = 25,00%	ja = 20 Hunde = 37,74%
nein = 33 Hunde = 51,56%	nein = 20 Hunde = 37,74%
teilweise = 15 Hunde = 23,44%	teilweise = 13 Hunde = 24,53%

!

Angst und Unsicherheit als Grund zur Operation werden bei Rüden und Hündinnen gleich selten genannt. Der Erfolg liegt nach Angaben der Halter nur bei 25% bzw. 37%.

Zusätzlich haben wir die Halter danach gefragt, wer sie über die Kastration/ Sterilisation informiert hat und ob sie sich dabei gut beraten fühlten oder nicht.

Beratung durch: (Mehrfachnennung möglich)

Tierarzt	825 Personen	= 73,60%
Hundetrainer	314 Personen	= 28,01%
Internet	208 Personen	= 18,55%
Literatur	216 Personen	= 19,27%
Freunde	155 Personen	= 13,83%
Tierschutzverein	138 Personen	= 12,31%
Andere	81 Personen	= 7,23%

Wie wurden Sie beraten?

Gut und objektiv	855 Personen	= 76,27%
nicht gut	118 Personen	= 10,53%
weiß nicht	148 Personen	= 13,20%

Wir fragten nach körperlichen Veränderungen nach der Operation.

Fellveränderungen
Rüde: 55 Hunde = 11,09%
Hündin: 68 Hunde = 10,88%
Summe: 123 Hunde = 10,97%

Muskelabbau
Rüde: 10 Hunde = 2,02%
Hündin: 12 Hunde = 1,92%
Summe: 22 Hunde = 1,96%

Inkontinenz
Rüde: 13 Hunde = 2,62%
Hündin: 63 Hunde = 10,08%
Summe: 76 Hunde = 6,78%

Knochenveränderung
Rüde: 6 Hunde = 1,21%
Hündin: 13 Hunde = 2,08%
Summe: 19 Hunde = 1,96%

Der von manchen Autoren behauptete Muskelabbau und Knochenschwund nach Kastration konnte nicht bestätigt werden. Lediglich bei 1,96% der Tiere kam es überhaupt dazu. Wichtig bei der Interpretation der Daten ist der Umstand, dass die Hunde, bei denen dies angegeben wurde, schon (teilweise weit) über zehn Jahre alt waren und somit die Frage offen bleibt, ob der Muskelabbau und die Knochenveränderungen überhaupt auf die Kastration zurückzuführen oder eine Alterserscheinung sind.

!

Zusätzlich fragten wir nach Veränderungen im Verhalten nach der Operation und erhielten folgende Antworten:

Spielverhalten

496 Rüden
ja = 49 Hunde = 9,88%
nein = 386 Hunde = 77,82%
weiß nicht = 61 Hunde = 12,30%

625 Hündinnen
ja = 28 Hunde = 4,48%
nein = 561 Hunde = 89,76%
weiß nicht = 36 Hunde = 5,76%

Nach diesen Zahlen verändert sich das Spielverhalten bei mehr als 3/4 der Hunde nicht. Wenn es sich überhaupt verändert, dann eher bei Rüden als bei Hündinnen. Dies könnte mit einem verringerten Werbeverhalten zu tun haben.

Die Aktivitätsphasen von kastrierten Hunden verändern sich nur geringfügig.

Aktivitätsphasen

496 Rüden	625 Hündinnen
ja = 71 Hunde = 14,31 %	ja = 37 Hunde = 5,92 %
nein = 361 Hunde = 72,78 %	nein = 551 Hunde = 88,16 %
weiß nicht = 64 Hunde = 12,90 %	weiß nicht = 37 Hunde = 5,92 %

Auch hier verändert sich bei mehr als 3/4 der Hunde nach Angaben der Halter gar nichts. Wenn sich die Aktivitätsphasen überhaupt verändern, dann bei Rüden etwas häufiger als bei Hündinnen.

Ausgeglichenheit

496 Rüden	625 Hündinnen
ja = 204 Hunde = 41,13 %	ja = 88 Hunde = 14,08 %
nein = 245 Hunde = 49,40 %	nein = 500 Hunde = 80,00 %
weiß nicht = 47 Hunde = 9,48 %	weiß nicht = 37 Hunde = 5,92 %

Nach Angaben der Halter werden Rüden deutlich häufiger ausgeglichener nach der Operation als Hündinnen.

Schlafgewohnheiten

496 Rüden	625 Hündinnen
ja = 27 Hunde = 5,44 %	ja = 21 Hunde = 3,36 %
nein = 401 Hunde = 80,85 %	nein = 567 Hunde = 90,72 %
weiß nicht = 68 Hunde = 13,71 %	weiß nicht = 37 Hunde = 5,92 %

Bei beiden Geschlechtern verändert sich nur selten etwas an den Schlafgewohnheiten nach der Operation.

Lebensfreude

496 Rüden	625 Hündinnen
ja = 41 Hunde = 8,27 %	ja = 32 Hunde = 5,12 %
nein = 388 Hunde = 78,23 %	nein = 555 Hunde = 88,80 %
weiß nicht = 67 Hunde = 13,51 %	weiß nicht = 38 Hunde = 6,08 %

Nach Angaben der Halter kommt es sehr selten zu einer Veränderung der Lebensfreude und, wenn überhaupt, bei Rüden eher als bei Hündinnen. Einige Halter schrieben handschriftlich neben diese Frage, dass sie glauben, ihr Hund habe mehr Lebensfreude, seit er kastriert wurde.

Lebensfreude pur bei einer kastrierten Hündin.

Schließlich fragten wir noch: Würden Sie Ihren Hund nach Ihren Erfahrungen wieder kastrieren lassen?

496 Rüden	625 Hündinnen
ja = 427 Hunde = 86,09 %	ja = 562 Hunde = 89,92 %
nein = 47 Hunde = 9,48 %	nein = 44 Hunde = 7,04 %
weiß nicht = 0 Hunde	weiß nicht = 8 Hunde = 1,28 %
ohne Antwort = 22 Hunde = 4,44 %	ohne Antwort = 11 Hunde = 1,76 %

!

Ca. 90 % der Hundehalter würden wieder kastrieren lassen, weniger als 10 % nicht. Dies widerspricht deutlich den Zahlen in diversen Publikationen!

Kurze Zusammenfassung

Insgesamt waren wir erfreut darüber, in unseren jahrelangen Beobachtungen und Erfahrungen aus der Praxis bestätigt zu werden. Die Ergebnisse der Studie widersprechen – teilweise sogar sehr deutlich! – Publikationen, die nicht auf Befragungen einer repräsentativen Gruppe von Haltern basieren, die kastrierte oder sterilisierte Hunde haben. Es stellt sich die Frage, auf welcher Basis und mit welchem Interesse Behauptungen aufgestellt werden, die unnötige Ängste bei den Hundehaltern schüren.

Die großen Irrtümer

Häufig herrscht Unklarheit darüber, wann eine Kastration in Bezug auf eine Verhaltensänderung sinnvoll ist und wann nicht. Zunächst einmal sollte einem bewusst sein, dass durch die Operation in der Regel nur die Verhaltensweisen verändert werden, die hormonell beeinflusst sind und dass eine Sterilisation überhaupt keine Verhaltensänderung bringt, weil sie den Hund auf exakt gleichem Hormonstatus belässt, nur eben zeugungsunfähig macht.

!

Aber auch bei den unerwünschten Nebenwirkungen einer Kastration, zum Beispiel der Inkontinenz oder dem angeblichen „Faul-und-Fett-Werden" nach der Operation besteht Klärungsbedarf. Wir möchten hier die Punkte ansprechen, die am häufigsten kontrovers diskutiert werden und/ oder zu Enttäuschungen beim Halter führen, wenn die Erwartungen in die Kastration gar nicht oder nur teilweise erfüllt werden.

Frühzeitig kastrierte Rüden streunen meist seltener.

Streunen

Wird ein Rüde frühzeitig kastriert, ist es tatsächlich in den meisten Fällen so, dass er weniger Interesse daran hat, zu streunen, um läufigen Hündinnen nachzusteigen. Wenn ein Rüde allerdings bereits geschlechtsreif ist und sich angewöhnt hat, „auf Tour" zu gehen, weil er hinter läufigen Hündinnen her ist, wird sich dieses Verhalten nur eventuell oder nur geringfügig verändern, wenn er kastriert wurde. Denn hat er zum Beispiel schon ein Mal oder sogar mehrfach gedeckt, wird er dies auch weiterhin tun – nur eben ohne die Konsequenz des Deckerfolgs.

Läuft der Hund (egal ob Rüde oder Hündin!) von zu Hause fort, weil er gerne die Gegend erkundet, seine Hundefreunde in der Nach-

Ausreichend viel Freilauf ist für alle Hunde wichtig, besonders aber für die lauffreudigen.

barschaft besucht und beim Laden um die Ecke immer etwas zugesteckt bekommt, wird sich an diesem Verhalten durch die Kastration gar nichts ändern, denn seine Motivation ist nicht hormonell gesteuert.

Gleiches gilt, wenn er zu wenig ausgeführt wird oder zu einer sehr jagd- und/ oder bewegungsfreudigen Rasse gehört; denn er verschafft sich durch die unerlaubten Ausflüge schlichtweg die Bewegung, die er braucht, um sich körperlich auszulasten und somit halbwegs wohl zu fühlen. Ausreichend viel Bewegung, ein entsprechend gesicherter Zaun und/ oder ein Training, das dem Hund beibringt, dass er auf dem Grundstück bleiben soll, sind hier viel effektiver als eine Kastration.

In der Studie wurde dieser Grund bei 97 Rüden (dies entspricht 19,56 % aller männlichen Tiere) und 40 Hündinnen (dies entspricht 6,40 % aller weiblichen) genannt. Wir fragten nach dem Erfolg der Kastration in Bezug auf dieses Verhalten und erhielten von 85,57 % der Halter von Rüden eine positive Bilanz und immerhin auch noch von 52,5 % der Halter von Hündinnen.

Markieren

Zunächst ist wichtig festzustellen, dass nicht jedes Urinieren ein Markieren ist! Vom Markieren spricht man dann, wenn der Hund etwas ganz bewusst mit dem eigenen Urin (oder Kot) kennzeichnet. Das kann die Gegend sein, in der er regelmäßig spazieren geht, sein Garten, aber auch ein ihm wertvoll erscheinender Gegenstand wie sein Spielzeug oder Kauknochen. Zusätzlich wird das Markieren auch eingesetzt, um soziale Beziehungen zueinander nach außen zu dokumentieren. Werden zum Beispiel mehrere Hunde in einem Haushalt gehalten oder stehen Hunde, die in unterschiedlichen Haushalten leben, in regelmäßigem engem Kontakt, wird häufig über oder neben die Urinmarkierungen des einen eine Markierung des anderen gesetzt. Dabei scheint es tatsächlich eine Rolle zu spielen, ob der eigene Urin neben oder über den des Partners gesetzt wird. Dieses Verhalten verstärkt sich übrigens, wenn unkastrierte Hunde beiderlei Geschlechts zusammen leben und die Hündin läufig wird. Manche Rüden markieren sogar ihre Welpen, um ihnen ihren „persönlichen Stempel" aufzudrücken, der so viel bedeutet wie: „Der gehört zu mir, steht unter meinem Schutz."

Daneben gibt es auch noch die Möglichkeit, dass der Hund uriniert, weil er schlicht und ergreifend die Blase voll hat und sich seines Urins entledigen möchte oder dass er aufgrund eines hohen Stresslevels und das dadurch ausgeschüttete Aldosteron vermehrt pieseln muss. Das Ausdrucksverhalten des Hundes ist bei allen drei Formen des Urinierens ganz unterschiedlich, so dass es selbst für eher unerfahrene Hundehalter gut zu unterscheiden ist, und alle gehören zum normalen Verhaltensrepertoire eines Kaniden, das allein eine Kastration nicht rechtfertigt oder auch nur sinnvoll erscheinen lässt.

Etwas anderes ist es bei den Hunden (insbesondere Rüden), die aufgrund eines dauerhaft erhöhten Stresslevels vermehrt überall hinpieseln und die durch die Kastration insgesamt etwas „vom Gas" geholt werden. Aber auch hier muss zuerst einmal eine gründliche Analyse erfolgen, was den Hund so stresst. Es ist sicher nicht sinnvoll, einen Hund zu kastrieren, der nur deshalb einen hohen Stresslevel und damit gesteigerten Urinabsatz zeigt, weil er von seinem Halter überfordert wird! Ebenso macht es keinen Sinn, einen Hund zu kastrieren, der aufgrund von Unsicherheit, Ängsten oder anderen emotionalen Ausnahmezuständen vermehrt uriniert. Hier ist ein Training angesagt, das den Hund emotional stabilisiert und ihm Sicherheit und Selbstvertrauen vermittelt bzw. dem Halter zeigt, was er seinem Hund zumuten kann und was nicht.

Hat ein Rüde hingegen Stress, weil in der Nachbarschaft viele (läufige) Hündinnen leben, denen er ständig nachsteigen möchte, kann eine Kastration durchaus den gewünschten Effekt haben, dass er nicht mehr überall hinpieselt und die Situation insgesamt gelassener hinnimmt.

Dann sollte noch bedacht werden, dass auch verschiedene Krankheiten, wie zum Beispiel Diabetes, Blasenentzündung, Blasenschwäche, Nierenprobleme, Polydipsie usw., Ursache für vermehrten Harndrang sein können, weshalb eine medizinische Abklärung immer vor der Kastration stehen sollte.

Nicht jedes Urinieren ist ein Markieren.

Zähneklappern und Belecken von Urinstellen

Auch ganz normale Verhaltensweisen (vornehmlich von Rüden gezeigt) wie das Belecken von Urinmarkierungen und Zähneklappern nach Aufnahme von Geruchsmarkierungen stellen in unseren Augen keinen Grund dar, einen Hund zu kastrieren. Es mag sein, dass dem einen oder anderen Halter dieses Verhalten fremd oder sogar unangenehm ist, aber es gehört, wie schon gesagt, zum ganz normalen Verhaltensrepertoire eines Hundes, das deshalb gezeigt wird, weil der Hund damit das Jakobsonsche Organ aktiviert, das ihm eine Mischung aus Geschmacks- und Geruchswahrnehmung ermöglicht.

Das intensive Beschnüffeln von Geruchsmarkierungen gehört zum normalen Verhaltensrepertoire eines Hundes.

Stressanfälligkeit

Tatsächlich kann die Stressanfälligkeit eines Hundes durch die Kastration in mancherlei Hinsicht positiv beeinflusst werden. Bei der Hündin können zum Beispiel die hormonellen Veränderungen vor, während und kurz nach der Läufigkeit und während der so genannten Scheinträchtigkeit (die eigentlich Scheinmutterschaft heißen müsste, wie weiter unten erklärt) für erheblichen Stress im Organismus sorgen. Diese hormonellen Auf und Abs werden durch die Kastration vermieden.

Beim Rüden kann es zu einer erheblichen Entstressung beitragen, wenn er nach der Kastration nicht mehr auf jede läufige Hündin mit „Liebeskummer“ und damit einhergehendem Dauerheulen, Appetitlosigkeit, Wachen am Gartenzaun oder der Terrassentür usw. reagiert. Wie aber schon weiter vorn im Buch beschrieben, hat nicht jede Rüdenkastration diesen gewünschten Effekt; denn hat der Rüde bereits – womöglich mehrfach – gedeckt, wird er auch weiterhin interessiert an Hündinnen bleiben, insbesondere wenn diese läufig sind.

Das bei Stress vermehrt ausgeschüttete Sexualhormon Testosteron wird beim Rüden nicht nur in der Nebennierenrinde, sondern zum weit größeren Teil auch in den Hoden (Testis) gebildet. Somit verfügt er über zwei Bezugsquellen dieses Hormons, die bei Stress auf „Hochtouren“ laufen. Nach einer Kastration ist zumindest eine dieser Quellen nicht mehr vorhanden, somit nicht mehr aktiv, was zur Ausgeglichenheit des Hundes beiträgt. Dennoch sei nochmals erwähnt, dass eine Kastration nur dann sinnvoll ist, wenn der Hund insgesamt stressanfällig ist. Wird er durch einen zu ehrgeizigen Halter gestresst, der ihn ständig überfordert, oder durch familiäre Umstände, die sein Nervenkostüm einfach nicht erträgt, sollte man lieber die Lebensumstände oder das Lebensumfeld ändern, statt zu kastrieren.

Verhinderung von Scheinträchtigkeit/ Scheinmutterschaft

Etwa acht Wochen nach der Läufigkeit kommt es zur so genannten Scheinträchtigkeit, die schon allein aufgrund des Zeitpunkts ihres Auftretens, nämlich dem vermeintlichen Geburtszeitpunkt, wäre die Hündin erfolgreich gedeckt worden, Scheinmutterschaft heißen muss.

Manche Hündinnen reagieren in dieser Zeit, indem sie anhänglicher, umgänglicher, sanfter und verkuschelter im Verhalten werden, andere werden ganz im Gegenteil zickiger, streitsüchtiger und – insbesondere gegenüber gleichgeschlechtlichen Artgenossen – regelrecht aggressiv. Zusätzlich kann es bei beiden Varianten zu übersteigertem Brutpflegeverhalten kommen, das in Ermangelung tatsächlicher Welpen an imaginären Pflege-

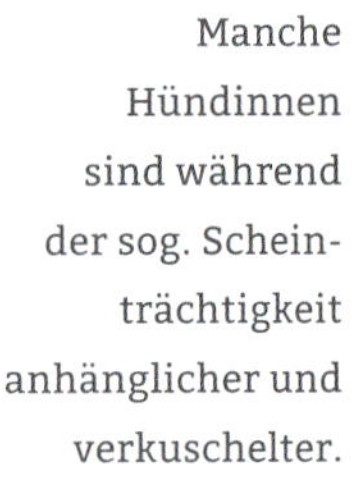

Manche Hündinnen sind während der sog. Scheinträchtigkeit anhänglicher und verkuschelter.

bedürftigen wie Socken, Wolle, Spielzeug (insbesondere solches, das Geräusche von sich gibt) ausgelebt wird. Manche Hündinnen werden regelrecht introvertiert und steigern sich in ihre Aufgabe derartig hinein, dass sie ihr Nest nicht mehr verlassen wollen, ihre „Ersatzkinder" aggressiv gegen Fremde verteidigen und sogar regelrecht depressiv werden, wenn man ihnen diese wegnimmt. In diesem Fall würden wir dringend zur Kastration raten, denn die Hündin leidet in dieser Zeit wirklich und stellt auch ihre Halter vor keine leichte Aufgabe. Bei manchen Hündinnen geht das Brutpflegeverhalten so weit, dass sie Milch produzieren, die in die Zitzen einschießt, was zu Gesäugeentzündungen führen kann. Im Glücksfall kann man eine solche Hündin als Amme für verwaiste Hundewelpen einsetzen, aber es ist natürlich nicht garantiert, dass zu eben diesem Zeitpunkt eine Hundeamme gesucht wird und die Hündin dann auch genau diese verwaisten Welpen annimmt. Sollte dies aber klappen, wird die Hündin unter der späteren Trennung von den Welpen ebenso leiden, als wäre sie die tatsächliche Mutter.

Unerwünschtes Jagdverhalten

Entgegen mancher Behauptung wird das Jagdverhalten eines Hundes überhaupt nicht durch die Kastration beeinflusst. Einige Autoren behaupten, der Jagdtrieb gehe zurück, wenn der Hund kastriert sei, was definitiv nicht stimmt. Mancher Hundehalter wäre sehr froh, wenn dem so wäre... ☺ Andere behaupten, der Jagdtrieb „explodiere" regelrecht nach der Operation, was ebensolcher Unsinn ist. Die Argumentation hierfür wird davon abgeleitet, dass der Hund nun nicht mehr durch den Sexualtrieb abgelenkt sei und sich daher voll und ganz auf das Jagen konzentrieren könne. Aber so einfach gestrickt sind Hunde (und auch andere Lebewesen) nicht.

Gansloßer und Strodtbeck führen in ihrem Buch ganz richtig an, dass das Jagdverhalten des Hundes aus mehreren aufeinander folgenden Verhaltenselementen besteht, die alle mit unterschiedlichen auslösenden Reizen und unterschiedlichen Handlungsbereitschaften ausgestattet sind. Eine Beeinflussung eines dieser Elemente schließe nicht aus, dass andere Elemente dieser Verhaltenskette trotzdem noch voll aktiv bleiben. Daher sei es schon aus diesem Grund mehr als naiv anzunehmen, dass durch ein einziges Hormon, das dazu nicht einmal diesem Funktionskreis angehört, eine totale Reduktion des gesamten Komplexes möglich wäre... von einer Verringerung des Jagdtriebes also nicht auszugehen sei. Dem stim-

Das Jagdverhalten eines Hundes, das aus mehreren, aufeinander folgenden Verhaltenselementen besteht, verändert sich durch die Kastration nicht.

men wir voll zu! Unverständlich ist für uns aber, dass die gleichen Autoren dennoch annehmen, dass durch die Kastration zwar keine Reduktion des Jagdtriebes möglich sei (wie oben beschrieben), aber eine – sogar heftige – Verstärkung, und deshalb dazu raten, jagdlich motivierte Hunde nur im medizinisch begründeten Notfall zu kastrieren. Diese Argumentationslinie ist für uns nicht nachvollziehbar und entspricht auch nicht unseren Erfahrungen aus der Praxis.

Interessant ist hingegen der Zusammenhang zwischen Stresslevel und Jagdverhalten. Durch das während der Alarmreaktionsphase ausgeschüttete Adrenalin werden die Sinne geschärft und Energie bereitgestellt; beides führt dazu, dass der Hund „wacher"/ sensibilisierter auf Reize (zum Beispiel ein Rascheln im Unterholz) reagiert und beim Wahrnehmen dieser Reize auch schneller in Aktion tritt. Sein ganzer Organismus ist schon in Alarmbereitschaft – nun bedarf es nur noch eines kleinen Auslösereizes und er reagiert. Ein ausgeglichener, entspannter Hund wird deshalb weniger jagdlich motiviert sein als ein gestresster. Das bedeutet aber nicht, dass ein entspannter Hund nicht jagt und ein gestresster immer, denn das Beutefangverhalten wird durch sehr viele Faktoren wie zum Beispiel Rassezugehörigkeit, Ausbildung/ Erziehung, Erfahrung, Stimmungsübertragung usw. beeinflusst. Grundsätzlich kann man aber schon sagen, dass innerhalb eines Individuums die Jagdbereitschaft wächst, wenn es gestresst ist. Würde man den Bogen nun also ganz weit spannen wollen, könnte man sagen, dass die Kastration dann – indirekten (!) – Einfluss auf das Jagdverhalten des Hundes hat, wenn dieses durch einen hohen Stresslevel stark ausgeprägt ist und dieser Stress durch eine Kastration reduziert würde – was aber bei weitem nicht immer der Fall ist, wie weiter oben bereits erklärt.

Aggression gegen Menschen

Es gibt sehr viele Gründe, weshalb ein Hund aggressiv auf Menschen reagiert und bei weitem nicht alle sind durch eine Kastration beeinflussbar. In der Studie gaben nur 14,5 % der Halter von Rüden und nur 6,2 % der Halter von Hündinnen überhaupt an, dieses Problem durch die Operation beeinflussen zu wollen. Bei den betroffenen Hunden gaben die Halter an, dass sie bei mehr als der Hälfte der Rüden und Hündinnen teilweise oder deutliche Verbesserungen im Verhalten beobachten konnten, seit der Hund kastriert ist, was sich auch in etwa mit unseren Erfahrungen deckt und evtl. durch das ausgeglichenere Wesen erklärt werden kann.

Das Aggressionsverhalten gegenüber Menschen kann nur selten durch eine Kastration beeinflusst werden.

Dennoch bleibt zu bedenken, dass manche aggressiven Verhaltensweisen nur wenig bis gar nicht hormonell beeinflusst sind. Wir möchten zur Verdeutlichung ein Beispiel nennen. Nehmen wir an, ein Schwarzer Russischer Terrier, ein Herdenschutzhund oder ein Hovawart zeigt eine relativ hohe Territorialität, so gehört dies sicher zum ganz normalen rassespezifischen Verhalten, das durch die Zucht bewusst in höherem Maße als bei manch anderer Rasse angelegt wurde. Reift ein solcher Hund nun hormonell vollständig aus, wird sich dieses Verhalten sehr wahrscheinlich stärker ausbilden als bei einem (früh) kastrierten Hund der gleichen Rasse, was durch den niedrigeren Testosteronspiegel zu erklären ist. Dennoch würden wir Ihnen nicht empfehlen, das Grundstück ungefragt zu betreten... ☺

Hat ein Hund schlechte Erfahrungen mit Menschen gemacht und ist deshalb grundsätzlich bereit, sich auch aggressiv gegen sie zur Wehr zu setzen, so hat eine Kastration, wenn überhaupt, nur sehr geringen Einfluss auf dieses Verhalten, denn es ist nicht hormonell gesteuert. Einzig der indirekte Einfluss über einen eventuell geringeren Stresslevel kann hier sinnvoll in Betracht gezogen werden.

Zeigt der Hund aggressive Verhaltensweisen, um seinen Halter gegenüber anderen Personen zu schützen, würden wir die Kastration gar nicht empfehlen, sondern auf Training setzen... und zwar in erster Linie für den Halter! Denn hier würde es eher auf einen sicheren und souveränen Führungsstil des Menschen gegenüber seinem Hund ankommen. Leider sind solche Trainings nicht immer von Erfolg gekrönt, da sich interessanterweise oftmals solche Menschen (große und) wehrhafte Hunde anschaffen, die nicht die nötige Persönlichkeit haben, diese sicher zu führen... was definitiv nicht die Schuld des Hundes ist, der dieses Manko seines Halters aber letztendlich auf die ein oder andere Art und Weise ausbaden muss.

Die Wachsamkeit und Territorialität eines Hundes ist nicht nur von seinem Hormonstatus abhängig.

Völlig unsinnig wäre die Kastration, wenn dem Hund das aggressive Verhalten gegenüber Menschen antrainiert wurde (Schutzdienst, VPG, IPO, Mondioring usw.). Aber die Personen, die Fans solcher Ausbildungsmethoden sind, sind in der Regel keine Befürworter der Kastration – zumindest nicht beim Rüden. ☺

Aggression gegen Artgenossen

Bei der Aggression gegen Artgenossen muss auch wieder unterschieden werden, welcher Motivation sie entspringt. Denn auch wenn man sagen kann, dass (insbesondere früh) kastrierte Hunde insgesamt verträglicher und ausgeglichener mit ihresgleichen umgehen als manch unkastrierte, kann dies nicht vollständig verallgemeinert werden, denn auch Rassezugehörigkeit, Lernerfahrung, das soziale Umfeld, die Erziehung, der Stresslevel, der Gesundheitszustand, das Alter, die Ernährung und viele weitere Faktoren beeinflussen das Aggressionsverhalten.

Zeigt der Rüde verstärkt aggressive Verhaltensmuster, wenn es um die Eroberung/ Bewachung von (läufigen) Hündinnen geht, oder zeigt die Hündin eine vermehrte Aggressionsbereitschaft gegenüber anderen Hündinnen vor, während und kurz nach der Läufigkeit, so ist eine Kastration sicher sinnvoll.

Ob eine Aggression gegen Artgenossen durch die Kastration beeinflusst werden kann, hängt auch von der Ursache dieses Verhaltens ab.

Nicht zielführend ist sie hingegen, wenn sich Angstaggressionen aufgrund schlechter Erfahrungen manifestiert haben, zum Beispiel, wenn ein Hund nach mehreren Überfällen durch Artgenossen für sich beschlossen hat, dass Angriff die beste Verteidigung ist, oder wenn die Aggression schmerzassoziiert ist.

Wenn also über eine Kastration nachgedacht wird, die eine Aggression lindern oder sogar vermeiden soll, muss gründlich analysiert werden, um welche Aggressionsform(en) es sich handelt, um dann den Sinn oder Unsinn der Operation abzuwägen.

Keinesfalls sollten Sie dem Rat eines Tierarztes oder Trainers folgen, der Ihnen rät, den Hund „erst mal“ zu kastrieren, um dann zu schauen, ob das was bringt. Wenn Sie jetzt ungläubig den Kopf schütteln und meinen, so etwas gäbe es

Manche Rassen neigen zu einer innerartlichen, gleichgeschlechtlichen Aggression, die bei kastrierten Hunden deutlich weniger ausgeprägt ist.

doch nicht, so müssen wir entgegnen, dass leider noch immer (zu) viele unserer Kollegen sehr leichtfertig mit solchen Bemerkungen und somit auch mit der Frage der Kastration umgehen.

Von einigen Rassen ist bekannt, dass sie mit Eintritt der Geschlechtsreife vermehrt in die innerartliche, gleichgeschlechtliche Aggression kippen. Mit anderen Worten, die Rüden werden recht unverträglich mit Rüden und die Hündinnen mit ihresgleichen. Hierzu gehören unter anderem American Staffordshire Terrier, Australian Shepherd, Boerboel, Boxer, Briard, Bulldogge, Jack Russell Terrier, Foxterrier, Mittelschnauzer, Pitbull Terrier, Riesenschnauzer, die Gruppe der Herdenschutzhunde. Bei diesen Rassen empfiehlt sich daher die Überlegung der Frühkastration, bei der vor der ersten Läufigkeit bzw. vor Eintritt der Geschlechtsreife beim Rüden operiert wird. Was hierbei beachtet werden muss, lesen Sie bitte weiter unten unter dem Stichwort „Frühkastration“ nach. Aber auch hier ist wichtig, immer zu bedenken, dass die Ausnahme die Regel bestätigt. Sie können natürlich auch einen Vertreter einer dieser Rassen haben, der/ die außergewöhnlich verträglich ist, was eine (Früh-)Kastration – zumindest aus diesem Grund – unnötig machen würde.

Der Hund ist „schwer erziehbar“

In der Studie wurde bei 141 Rüden (28,43%) und 45 Hündinnen (7,2%) angegeben, dass eine leichtere Erziehbarkeit zumindest einer der Gründe für die Kastration gewesen sei, insbesondere beim Rüden. Nach dem Erfolg befragt, zogen die Halter von Rüden mit 81,56% und die Halter von Hündinnen mit 64,45% eine positive Bilanz.

Bei Rüden scheint die Kastration also erfolgreicher als bei Hündinnen zu sein, was durch den niedrigeren Testosteronspiegel zu erklären ist, wodurch die Rüden insgesamt ausgeglichener werden. Ihr Interesse an läufigen Hündinnen ist zum Beispiel wesentlich geringer bis gar nicht ausgeprägt, was wiederum Einfluss auf ihre Abrufbarkeit oder die Tendenz hat, das Grundstück selbstständig zu verlassen. Zusätzlich haben wissenschaftlich durchgeführte Beobachtungsstudien bewiesen, dass sich Rüden mit Eintritt der Geschlechtsreife und dem damit verbundenen Anstieg des Testosteronspiegels renitenter und angriffslustiger zeigen, was biologisch ja auch sinnvoll ist, wenn sie in freier Wildbahn leben und sich zum Beispiel aus dem von den Eltern geführten Familienverband lösen, um ein eigenes Rudel zu gründen. Ähnlich ist es bei den Hündinnen, bei denen der ab der ersten Läufigkeit steigende Östrogenspiegel dafür sorgt, dass sie mehr Unabhängigkeit entwickeln. Beide Tendenzen kommen nicht so ausgeprägt zum Tragen, wenn der Hund kastriert ist. Was im Umkehrschluss aber nicht bedeutet, dass man jeden Hund *unbedingt* kastrieren lassen sollte, weil er sonst nicht mehr zu handeln wäre. Rassezugehörigkeit, Erziehung, der Führungsstil des Halters und viele weitere Faktoren spielen auch eine wichtige Rolle bei der Entwicklung der Persönlichkeit und entscheiden somit auch darüber, ob eine Kastration ratsam erscheint oder nicht.

Für viele Hundehalter ist die leichtere Erziehbarkeit ein Grund für die Kastration.

Die Frühkastration

Von einer Frühkastration spricht man dann, wenn die Hündin (evtl. sogar deutlich) vor der ersten Läufigkeit und der Rüde vor Eintritt der Geschlechtsreife kastriert wird. Häufig wird im Alter von sechs bis acht Monaten kastriert, manchmal aber auch noch eher.

In den 80er und 90er Jahren des letzten Jahrhunderts wurde behauptet, dass früh kastrierte Hunde kleinwüchsiger bleiben, sich ihre Knochen nicht gleich gut entwickeln und ihr Verhalten infantil bleibt. In den folgenden Jahren wurde genau das Gegenteil behauptet: Die früh kastrierten Hunde würden überdimensioniert groß, sie seien anfälliger für Verletzungen des Bewegungsapparates und die Frage, ob sie infantiler blieben oder nicht, wurde gar nicht mehr erörtert. Durch entsprechende, groß angelegte Studien (vor allem im angloamerikanischen Raum) wurde beides widerlegt. Man beobachtete zum Beispiel kastrierte und unkastrierte Wurfgeschwister, die sich im Größenwachstum gleich entwickelten. Auch bei Schilddrüsenerkrankungen konnte bisher kein Zusammenhang mit der Kastration oder dem Kastrationszeitpunkt hergestellt werden.

Die bekannte italienische Tierärztin und Tierschützerin Dorothea Friz aus Castel Volturno hat tausende von Hunden einer Frühkastration unterzogen und sieht hierin überhaupt kein Problem. Wir zitieren aus einem ihrer Erfahrungsberichte:

„Außerdem kastriere ich alle Welpen vor der Vermittlung. Und das kam so: Ich habe in den 80er Jahren in München studiert. Von Kastrationen sprach man damals überhaupt noch nicht ... Ich biete die Kastration nicht nur als Mittel zur Lösung des Überbevölkerungsproblems an, sondern vor allem für das allgemeine Wohlbefinden der Tiere, Männchen wie Weibchen.

Nun, auch ich habe anfangs nach der ersten Läufigkeit kastriert. Aber manchmal sind die Tiere abgehauen und gedeckt zurückgekommen. Die Besitzer wollten die

Ob eine Frühkastration im Welpenalter sinnvoll ist oder nicht, ist umstritten.

Schwangerschaft nicht unterbrechen. Da ist mir die erste Veröffentlichung aus Amerika in die Hände gefallen: Man hat herausgefunden, dass, wenn man vor der ersten Läufigkeit operiert, niemals Mammatumore auftreten können. Und das ist auch logisch: die Läufigkeit bereitet die Hündin hormonell auf eine Schwangerschaft vor und die Hormone wissen ja nicht, dass wir fürsorgliche Besitzer der Natur ein Schnippchen schlagen und das arme Weibchen einsperren. Das betreffende Tier bildet sich mehr oder weniger akzentuiert eine Trächtigkeit ein. Die einen bauen sogar ein Nest und haben die Milchdrüsen prall voll Milch. Bei anderen ist es weniger auffällig. Die Rückstände dieser Milch verursachen die Mammatumore. Wenn man also vor der ersten Läufigkeit kastriert, gibt es nie Milch in den Milchdrüsen und somit nie Mammatumore.

Wir haben angefangen, nach dem Zahnwechsel zu kastrieren, also mit 4 bis 5 Monaten. Dann hatten wir ein weiteres Problem: Wenn wir Welpen vermittelt haben, haben wir die Leute einen Vertrag unterschreiben lassen, dass sie die Tiere im Alter von vier bis fünf Monaten zurückbringen müssen für eine kostenlose Kastration. Die Männchen kamen nie und von den Weibchen kamen circa 30 % zurück. Wir haben die Leute angerufen, angeschrieben, gedroht. Aber sehen Sie, wir sind hier in Italien, selbst der unterschriebene Vertrag hat uns keinerlei Recht gegeben. Wenn der neue Besitzer sich entschlossen hatte, sein Tier Junge werfen zu lassen, hatten wir keine Chance das zu ändern ...

Seit 1985 kastriere ich regelmäßig Welpen vor der Vermittlung und vor allem, wenn wir in Kolonien arbeiten (vorwiegend Katzen, aber hier leben auch Hunde auf der Straße!). Bisher sicherlich schon über 2000 an der Zahl. Ein großer Teil der Tiere, die ich hier in Italien vermittelt habe, ist Kunde geblieben. Ich habe die Tiere heranwachsen sehen und manche sind schon an Altersschwäche gestorben. Viele von den früh kastrierten Hunden und Katzen sind in Deutschland vermittelt und ich stehe regelmäßig mit den Besitzern in Kontakt. ES SIND NIE GESUNDHEITLICHE PROBLEME AUFGETRETEN, DIE MIT DER FRÜHKASTRATION IN VERBINDUNG GEBRACHT WERDEN KÖNNTEN!

Eine Frühkastration von Welpen wird hauptsächlich im Auslandstierschutz durchgeführt.

Es gibt noch ein großes Fragezeichen in der Wissenschaft: das Wachstumshormon wird normalerweise durch die Sekretion der Geschlechtshormone gestoppt, also dann, wenn die Tiere geschlechtsreif sind und die Gonaden (Hoden/Eierstöcke) ihre Funktion aufnehmen. Was theoretisch passieren müsste ist, dass die Tiere nicht aufhören zu wachsen, also riesengroß werden. Das war auch die Befürchtung in den ersten Jahren in Amerika, als man diese Versuchsreihen startete. Aber so ist es dann doch nicht gekommen. Ich habe auch keinerlei Riesenwuchs feststellen können. Wenn Sie also im Alter des Zahnwechsels kastrieren, sind die Tiere auch noch nicht geschlechtsreif und es müsste das Gleiche geschehen, aber Sie haben sicherlich auch noch nie irgendwelche Riesenhunde erlebt.

Bei der Operation an sich muss man große Erfahrung haben, schnell sein, die kleinen Welpen müssen zwei bis drei Stunden vor der OP das letzte Mal fressen, wir haben die Tiere auf einem Heizkissen während der OP (auch im fahrbaren OP!) und am Tropf. Wir arbeiten natürlich mit einem Narkosegerät (Isofluran), welches eine schonende und gut steuerbare und damit sichere Narkose ermöglicht. Der Eingriff dauert wenige Minuten (mehr als die Hälfte weniger als bei einer erwachsenen Katze oder einem erwachsenen Hund!). Es treten nie Blutungen auf, weil alles so winzig ist. Die Tiere wachen sofort aus der Narkose auf und sind topfit. Sie fressen circa ein bis zwei Stunden nach der OP und die Welt ist wieder in Ordnung, wie wenn nichts gewesen wäre. Meiner Erfahrung nach (circa 30.000 Kastrationen!) leiden die Tiere mehr mit zunehmendem Alter, insbesondere was das Schmerzempfinden angeht. Ich habe keinerlei Nachteile feststellen können und wir praktizieren, wie gesagt, die Frühkastration in großer Anzahl schon seit 1985." (www.lega-pro-animale.de/kastration.htm)

Wie bereits erwähnt, halten wir die Frühkastration dann für sinnvoll, wenn bei dem Hund eine Tendenz zur innerartlichen, gleichgeschlechtlichen Aggression vorliegt oder wenn im gleichen Haushalt unkastrierte Tiere des anderen Geschlechts leben, die nicht kastriert werden können oder sollen. Außerdem natürlich dann, wenn eine Krankheit sie erforderlich macht. Negative Erfahrungen haben wir bisher nicht gemacht.

Auch die Behauptung, ein früh kastrierter Hund werde nie wirklich erwachsen und behalte lebenslänglich ein kindliches Verhalten, stimmt so nicht.

Obgleich es tatsächlich so ist, dass kastrierte Hunde oftmals weniger vehement auftreten und eine bessere Verträglichkeit im Umgang mit Artgenossen zeigen, weil sie zum Beispiel deutlich weniger Interesse daran haben, um potentielle Sexualpartner zu konkurrieren, heißt dies nicht, dass sie auch im fortgeschrittenen Alter noch wie Junghunde agieren, denn das Verhalten wird ja nicht nur über Hormone gesteuert, sondern auch über andere Faktoren wie Erfahrung, Erziehung, Ernährung, individuelle und rassebezogene Eigenschaften usw.

Die Zuteilung des Futters durch den Menschen ist ein Grund für die sozial bedingte Kindlichkeit des Hundes.

Wenn man sich mit der Frage beschäftigen möchte, ob und warum ein Hund eher juvenil im Verhalten bleibt, ist es viel interessanter, sich mit dem von Erik Zimen geprägten Begriff der „sozial bedingten Kindlichkeit" auseinander zu setzen. Zimen wies darauf hin, dass Haushunde im Gegensatz zum Wolf oder anderen wild lebenden Kaniden nie wirklich erwachsen werden, weil zwei wichtige Verhaltensfunktionskreise, die zum Merkmal des Erwachsenwerdens gehören, von ihnen nicht erfüllt werden können, weil der Mensch sie daran hindert; nämlich die freie Wahl eines Sexualpartners und die eigenständige Beschaffung von Nahrung. Schon allein dadurch, dass wir unserem Hund das Futter beschaffen/ zuteilen, ihn in der Regel solitär halten und entweder keine Verpaarung wünschen oder diese zwar wünschen, aber nur mit einem von uns ausgesuchten Partner, wie dies bei der Zucht der Fall ist, halten wir die Charakterentwicklung des Hundes auf einem juvenilen Stand. Viele Hundehalter gehen sogar noch viel weiter und schreiben dem Hund auch noch vor, wann er wo zu liegen hat, wann er wo laufen darf, wann er sich wie körperlich verausgaben darf oder auch nicht und sogar, wann er sich wo lösen darf usw. usw. Da bleibt nur sehr wenig Freiraum für die Entfaltung der eigenen Persönlichkeit – und schon gar keiner, um wirklich erwachsen zu werden und eigenständige Entscheidungen zu fällen. Mit anderen Worten: Ein früh kastrierter Hund, der viel Freiraum von seinem Halter zugestanden bekommt, wird erwachsener sein als ein spät oder auch gar nicht kastrierter, der durch allzu viele Vorschriften reglementiert wird.

Allgemeine Ängstlichkeit/ Unsicherheit

Eine Ängstlichkeit/ Unsicherheit der Hündin wird nur dann durch die Kastration beeinflusst, wenn sie zyklusbedingt ist.

Eine Unsicherheit/ Ängstlichkeit ist über die Kastration eigentlich nur dann zu beeinflussen, wenn sie bei der Hündin zyklusbedingt ist. Es gibt tatsächlich Hündinnen, die vor, während und kurz nach der Läufigkeit insgesamt nervöser und ängstlicher erscheinen, was durch die hormonellen Schwankungen in dieser Zeit erklärt werden kann. Bei ihnen kann eine zum richtigen Zeitpunkt durchgeführte Kastration sinnvoll sein, eine Sterilisation natürlich nicht.

Keinen Einfluss auf ängstliches Verhalten hat die Kastration, wenn der Hund insgesamt unsicher ist und/ oder verängstigt auf Umweltreize, Artgenossen oder den Menschen reagiert. Allerdings sollte man folgende Überlegungen nicht vergessen: Wenn Sie einen ängstlichen Hund bei sich aufnehmen und ihn, kaum dass er bei Ihnen angekommen ist, einer Operation mit Narkose, medizinischer Nachsorge usw. unterziehen, so kann es sein, dass er sehr verstört auf den Eingriff und die damit zusammenhängenden Manipulationen (Festhalten während der Untersuchung und Operationsvorbereitung usw.) reagiert. Es muss also in jedem Fall gut abgewogen werden, ob es evtl. sinnvoller ist, die Kastration zu einem Zeitpunkt durchzuführen, zu dem der Hund schon insgesamt mehr Sicherheit entwickelt hat, und man sollte mit einem Tierarzt zusammenarbeiten, der entsprechendes Einfühlungsvermögen für die Psyche des Hundes mitbringt.

Der Hund wird depressiv, wenn ihm der Geschlechtstrieb genommen wird

In dieser Behauptung spiegelt sich wohl eher die Befürchtung des Halters, der in seinen Überlegungen von sich auf den Hund schließt. ☺ Unter tausenden von kastrierten Hunden haben wir noch keinen einzigen erlebt, der aufgrund des ausgeschalteten Sexualtriebes depressiv wurde. Unsere eigenen Hunde würden wir als lebensfroh, verspielt und aufgeschlossen gegenüber Neuem bezeichnen – die kastrierten ebenso wie die unkastrierten. ☺

Kastrierte Hunde werden fett und faul...

...verlieren ihre Lebensfreude, wollen nicht mehr spielen oder spazieren gehen. Obgleich diese Behauptung immer wieder die Runde macht, ist sie definitiv falsch und wir würden denen, die sie aufstellen, gern mal die vielen kastrierten Hunde vorstellen, die diesem Klischee so gar nicht entsprechen. Tatsächlich ist uns noch kein einziger Hund untergekommen, der nach Kastration faul wurde oder gar keine Lust mehr zum Spielen oder Spazierengehen hatte!

Übergewicht entsteht durch falsche Fütterung!

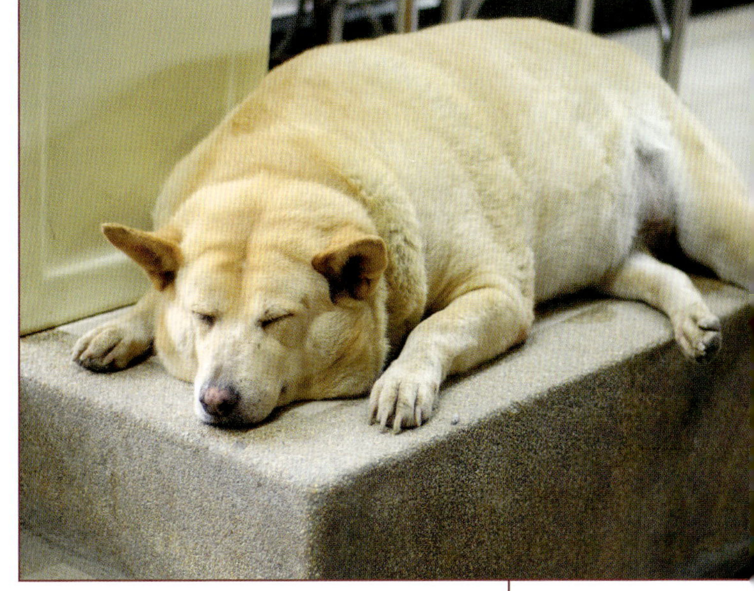

Etwas anders steht es mit der Fettleibigkeit. Tatsächlich ist es so, dass sich durch den veränderten Hormonstatus auch der Stoffwechsel verändert und deshalb oftmals die Gesamtfuttermenge um ein Viertel bis ein Drittel reduziert werden muss, damit der Hund bei gleicher Auslastung/ Bewegung nicht zunimmt.

Interessant ist, dass uns immer wieder Erfahrungsberichte von Haltern zugetragen werden, die angeben, dass sich die Gewichtszunahme umso drastischer auswirkt, je später der Rüde oder die Hündin kastriert wurde. Hierzu haben wir zwar keine wissenschaftlich fundierten Studien gefunden, finden diese Feststellung aber auch insofern interessant, als in unserer Studie mehr Hundehalter als erwartet angaben, dass sie das Futter (Menge und Sorte) überhaupt nicht verändert haben und ihr Hund trotzdem nicht zugenommen hat – und dies galt vor allem bei Hunden, die relativ früh kastriert wurden. Auch der viel diskutierte Heißhunger von Kastraten könnte evtl. mit dem Zeitpunkt der Kastration in Zusammenhang stehen; denn auch hier fällt auf, dass insbesondere Hunde, die zum Zeitpunkt der Kastration zwei Jahre oder älter waren, davon geplagt sind. Sicher wäre es interessant, hier weiter zu forschen!

Kastrierte Hunde werden inkontinent

Der Verschluss der Harnröhre ist ein Zusammenspiel mehrerer verschiedener Kontrollmechanismen, die so kompliziert sind, dass man sich manchmal wundert, dass sie überhaupt funktionieren. Den wichtigsten Einfluss hat dabei die Muskulatur um die Harnröhre. Durch ihre gewollte, willkürliche Anspannung wird die Harnröhre zusammengedrückt und so kann kein Urin aus der Harnblase entweichen. Normalcrweise ist eine Öffnung dieses Verschlusses nur willentlich, also unter Kontrolle des Bewusstseins im Gehirn möglich, was einen normalen, quasi absichtlichen Urinabsatz ermöglicht.

Inkontinenz kann verschiedene Ursachen haben...

Verschiedene Ursachen können eine Harninkontinenz auslösen. Am häufigsten tritt sie nach der Kastration weiblicher Hunde (selten auch männlicher) oder bei beiden Geschlechtern in höherem Alter auf. Andere Ursachen, die immer mit abgeklärt werden sollten, umfassen Harnsedimente oder Harnsteine, bakterielle Harnblasenentzündungen, anatomische Missbildungen, nervale Störungen oder Tumore. In seltenen Fällen leiden auch Rüden an Inkontinenz, die auch bei ihnen durch eine Schwäche des Harnröhrenverschlusses verursacht wird. Seltener kommt die Inkontinenz beim

Rüden deshalb vor, weil er anatomisch betrachtet einen längeren Schließmuskelmechanismus hat.

Die Harninkontinenz stellt eine relativ häufige Komplikation nach der Kastration der Hündin dar, durchschnittlich sind laut unserer Studie, aber auch vieler anderer tiermedizinischer Studien, ca. 11 % aller kastrierten Hündinnen betroffen. Die Inkontinenz kann unmittelbar nach der Operation, aber auch erst Jahre später auftreten, wobei sich nicht 100 %ig klären lässt, ob eine im Alter auftretende Inkontinenz bei einer kastrierten Hündin wirklich auf die Operation zurückzuführen ist oder einen Alterungsprozess des Körpers darstellt.

Es wird oft publiziert, dass große Hunde mit einem Körpergewicht über 20 kg häufiger betroffen seien; zu diesem Ergebnis kommen aber durchaus nicht alle Studien und auch in unserer war das nicht der Fall. Angeblich sollen einige Rassen häufiger betroffen sein als andere. So wird unter anderem für Boxer, Doggen, Riesenschnauzer, Irish Setter und Dobermann ein erhöhtes Risiko vermutet, aber auch das können wir aufgrund des Datenmaterials unserer Studie nicht bestätigen und es gäbe auch keine logische Erklärung dafür. Auch die Operationsmethode (alleinige Entfernung der Eierstöcke oder gleichzeitige Entfernung der Gebärmutter) scheint keinen Einfluss auf das Auftreten kastrationsbedingter Inkontinenz zu haben und auch nicht das Alter bei der Kastration.

...manchmal verliert der Hund dabei kleine oder größere Harnmengen, während er ruht oder schläft.

Betroffene Hunde verlieren typischerweise im Schlaf meist kleine, manchmal aber auch große Mengen an Urin, bei wenigen Tieren kann auch im Wachzustand das Harnträufeln beobachtet werden. Ausgelöst wird die kastrationsbedingte Harninkontinenz durch einen unvollständigen Verschluss der Harnröhre. Die genauen Ursachen dafür sind bisher noch nicht geklärt. Neben verschiedenen Theorien über die anatomische Beschaffenheit der Harnblase und Harnröhre wird am häufigsten ein Mangel an dem weiblichen Geschlechtshormon Östrogen für die kastrationsbedingte Inkontinenz verantwortlich gemacht. Allein durch einen Östrogenmangel kann die Inkontinenz jedoch nicht erklärt werden, und welche zusätzlichen Faktoren sie verursachen, ist bisher nicht geklärt.

Bei der klinischen und labordiagnostischen Untersuchung zeigen betroffene Hunde keine Auffälligkeiten. Die Diagnosestellung erfolgt nach Ausschluss anderer Ursachen durch das Vorhandensein der typischen klinischen Symptome. Zu den gängigen Medikamenten zur Behandlung der Inkontinenz zählen die so genannten Sympathomimetika, die stimulierend auf einen bestimmten Teil des Nervensystems wirken und so zu einem besseren Verschluss der Harnröhre durch die Muskulatur, die die Harnröhre umgibt, führen. Die am häufigsten eingesetzten Wirkstoffe sind Ephedrin und Phenylpropanolamin. Diese sind gut verträglich und in der Regel lebenslang einsetzbar. Bei Nichtansprechen können sie eventuell mit einem Östrogen-Präparat kombiniert werden, das allerdings nicht von allen Hündinnen gut vertragen wird und das Verhalten beeinflussen kann.

Inkontinenz kann altersbedingt sein und auch bei unkastrierten Hunden vorkommen.

Tritt die Inkontinenz unmittelbar nach der Kastration auf, ist vermutlich eine mechanische Irritation während der Operation die Ursache, die bei einem erfahrenen Chirurgen nicht vorkommen sollte und dies auch nur selten tut. In manchen Fällen tritt nach einigen Wochen eine Spontanheilung ein, manchmal ist aber auch ein weiteres chirurgisches Eingreifen nötig.

Häufiger tritt die Inkontinenz sechs Monate bis drei Jahre nach der Operation auf, wofür es keine schlüssige medizinische Erklärung gibt. Sowohl die Therapie mit Sympathomimetika als auch mit Östrogen ist erfolgreich, was vermuten lässt, dass nicht ausschließlich der Östrogenmangel Ursache des Problems sein kann. Da die Sympathomimetika auf den Schließmuskel einwirken, ist dieser sicher an der Ursache beteiligt, wie genau, ist aber noch ungeklärt.

Tritt die Inkontinenz bei alten Tieren auf, müsste zunächst unterschieden werden, ob es sich um eine Altersinkontinenz handelt, die auch beim unkastrierten Tier aufgetreten wäre, oder um eine Inkontinenz, die auf die Kastration zurückzuführen ist – was praktisch unmöglich ist. Eine Theorie geht davon aus, dass das häufige Urinieren während der Läufigkeit den Schließmuskel trainiert, was bei kastrierten Hündinnen ja nicht vorkommt und es dadurch früher zur Altersinkontinenz kommt. Da aber auch bei diesen Hündinnen sowohl die Östrogene als auch die Sympathomimetika wirken, scheint dies nicht der einzige Grund zu sein.

Abschließend lässt sich also nicht wirklich voraussagen, ob und aus welchem Grund es zu einer Inkontinenz nach Kastration kommt, oftmals ist sie aber unkompliziert behandelbar.

Mehrhundehaltung

Als erfahrene Mehrhundehalter (seit mehr als 30 Jahren leben in unseren Haushalten immer mindestens vier und bis zu acht Hunde in einer feststehenden Gruppe und auch die meisten unserer Freunde und Kollegen halten mehrere Hunde) können wir nur den Kopf schütteln, wenn die These aufgestellt wird, die Mehrhundehaltung mit Tieren beiderlei Geschlechts sei auch unkastriert überhaupt kein Problem.

Werden Rüden und Hündinnen in einem Haushalt gehalten, ist eine Kastration in der Regel sinnvoll.

Wir halten dies für überhaupt keine gute Idee und würden davon immer abraten; denn wer schon einmal erlebt hat, wie sich ein intakter Rüde und eine in der Stehzeit befindliche Hündin verhalten, wenn sie entweder permanent ermahnt werden, ihren Trieb zu kontrollieren oder innerhalb des Hauses getrennt werden – noch dazu, wenn sie normalerweise als Gefährten zusammen leben! –, der wird nicht annähernd auf die Idee kommen, dass das stundenlange Heulen, das Kratzen an den Türen, die Ausbruchs- und Aufreitversuche, die Futterverweigerung, das Urinieren im Haus usw. kein Problem für die Hunde (und ihre Halter!) darstellen.

Einige Halter lösen das Problem dadurch, dass sie entweder den Rüden oder die läufige Hündin kurzerhand ausquartieren und sie bei Freunden, getrennt wohnenden Familienmitgliedern oder sogar in einer Hundepension unterbringen und wir fragen uns, wie viel – oder besser wie wenig! – Einfühlungsvermögen diese Menschen gegenüber ihren Hunden haben. Denn entweder wird die läufige Hündin, die sich eventuell in einer sehr sensiblen Phase befindet, von ihrer vertrauten Familie getrennt, oder der Rüde, der ja weiß, dass sein paarungsbereites Weibchen zu Hause ist.

Völlig absurd wird das Ganze dann, wenn man mehrere unkastrierte Hündinnen und Rüden hält. Die Hündinnen werden ihre Läufigkeit mit hoher Wahrscheinlichkeit synchronisieren – und die Rüden sehen sich dann zwei, drei, vier... läufigen Hündinnen gegenüber. Die Stimmung im Haus ist äußerst angespannt durch die konkurrierenden Weibchen und Rüden und so kann es schnell zu ernsthaften Raufereien kommen, die unter den Hündinnen meist noch heftiger ausgetragen werden als unter den Rüden. Wir können uns an einen Fall erinnern, wo in einem Haushalt eine 13-jährige Beaglehündin und eine 3-jährige Boxerhündin gehalten wurden. Die Boxerhündin war unkastriert und ging bei jeder Läufigkeit aggressiv gegen die Althündin vor. In diese sowieso schon sehr angespannte Situation wurde eine weitere junge Boxerhündin geholt, die sich als Junghündin immerhin sowohl mit der einen als auch mit der anderen bereits vorhandenen Hündin verstand. Wir gaben den Rat zur Frühkastration, weil wir ernsthafte Beißereien befürchteten, wenn die junge Hündin in die erste Hitze kommen würde. Die Halter entschlossen sich dagegen – und kamen mit zwei schwer verletzten Boxerhündinnen in getrennten Autos in die Klinik gefahren, nachdem die beiden sich während der ersten Läufigkeit der jüngsten Hündin so in die Wolle gekriegt hatten, dass sie sie nur mit Gewalt trennen konnten. Auch nach Ende der Läufigkeit war an eine Zusammengewöhnung nicht mehr zu denken, die beiden blieben sich über Jahre spinnefeind, bis die ältere Hündin schließlich an Altersschwäche starb.

In einem anderen Fall waren es zwei unkastrierte Rüden, die sich gut verstanden, bis die Halter auf die Idee kamen, eine intakte Hündin dazuzunehmen. Normalerweise wurden die Hündinnen dieses Haushalts immer kastriert, aber durch die in den letzten Jahren angeheizte Diskussion, dass Kastration angeblich schädlich für den Hund und tierschutzrelevant sei, wurden die Halter so verunsichert, dass sie nicht operieren ließen und erst mal abwarten wollten. Uns schwante nichts Gutes und so kam es auch: Die beiden Rüden hatten eine schlimme Beißerei, als die Hündin in die Standhitze kam und der Konkurrenzdruck zwischen ihnen zu hoch wurde. Auch nach Abklingen der Läufigkeit dauerte es noch viele Wochen, bis die beiden wieder einen entspannten Umgang miteinander pflegten. Die Hündin wurde selbstverständlich drei Monate nach Ende der Läufigkeit kastriert und die Halter hatten ihre Lektion über die angebliche Problemlosigkeit der Mehrhundehaltung mit intakten Tieren beiderlei Geschlechts gelernt.

Hinzu kommt dann noch der Spießrutenlauf bei den Spaziergängen, wenn andere Rüden versuchen, das läufige Weibchen zu berammeln, während der Rüde seine Gefährtin verteidigt und last not least findet das Ganze seinen krönenden Abschluss in einem Wurf entzückender Hundewelpen, weil man bis auf diesen ganz kurzen Moment die ganze Zeit super gut aufgepasst hat... nur dieses eine Mal nicht, weil man schnell was aus dem Keller holen wollte... und eh dachte, dass die „heiße Phase" schon vorbei wäre...

Gedanken zum Schluss

Wir haben uns bemüht, möglichst viele Informationen zum Thema Kastration/ Sterilisation in diesem Buch zusammenzutragen und Ihnen somit einen umfassenden Einblick ins Thema zu geben, der die Basis für die Entscheidung pro oder contra einer Kastration bilden kann.

Für uns waren die letzten Monate der intensiven Recherche, der Auswertung der Studie und des Schreibens ein willkommener Anlass, uns nochmals umfassend mit dem Thema zu beschäftigen. Insgesamt waren wir erfreut darüber, in unseren jahrelangen Beobachtungen und Erfahrungen aus der Praxis bestätigt zu werden. Aber wir haben auch Neues hinzugelernt, zum Beispiel, dass es bei einer höheren Anzahl von Rüden, als wir vermuteten, zu einer Inkontinenz kurz nach Kastration kommen kann und dass es bei weit weniger Hunden, als wir dachten, einer Reduzierung der Futtermenge bedarf, um das Gewicht nach der Operation zu halten. Dies sind wertvolle Erkenntnisse, die wir aus der Studie gezogen haben und seitdem in unsere Beratungen mit einfließen lassen.

Die Ergebnisse der Studie widersprechen – teilweise sogar sehr deutlich! – Publikationen, die nicht auf Befragungen einer repräsentativen Gruppe von Haltern basieren, die kastrierte oder sterilisierte Hunde haben. Es stellt sich die Frage, auf welcher Basis und mit welchem Interesse Referenten/ Autoren unnötig Ängste bei den Hundehaltern schüren und Behauptungen aufstellen, die insbesondere im Bereich des hormonell gesteuerten Verhaltens vermuten lassen, dass sie selbst die Komplexität des Themas nicht recht verstanden haben.

Natürlich werden wir immer wieder gefragt, wie wir denn bei unseren eigenen Hunden verfahren und diese Antwort wollen wir zu guter Letzt nicht schuldig bleiben. Schon allein deshalb nicht, weil wir jeden unserer Kunden so gewissenhaft beraten, als handele es sich bei seinem Hund um unseren eigenen. Unsere Hündinnen werden alle kastriert, in der Regel nach der ersten Läufigkeit, sofern nicht gesundheitliche oder andere Gründe eine Operation verbieten (zum Beispiel extreme Abmagerung und/ oder Entkräftung, noch nicht verarbeitetes Trauma, hohes Alter oder Ähnliches). Bei den Rüden kastrieren wir nur, wenn dies aus gesundheitlichen Gründen oder aufgrund unerwünschter Verhaltensweisen, die nicht über Erziehung allein zu regeln sind, nötig wird. Dazu sei noch erwähnt, dass wir einen Teil unserer Hunde schon kastriert aus dem Tierschutz übernommen haben und deshalb keinen Einfluss mehr auf die Entscheidung hatten. Betrachten wir die Rüden, halten wir bei einigen die vorgenommene Kastration im Nachhinein für sinnvoll, bei anderen nicht. Eine Sterilisation würden wir so gut wie nie empfehlen, da sie unserer Meinung nach nur in absoluten Ausnahmefällen Sinn macht, und die Spritze zur Verhinderung der Läufigkeit oder auch „die Spritze danach" zur Abtreibung lehnen wir ab.

Danksagung

Zunächst möchten wir allen Teilnehmern unserer Studie danken, die sich die Mühe gemacht haben, den Fragebogen gewissenhaft auszufüllen und an uns zurückzusenden, denn nur so war eine breit angelegte Datensammlung möglich, die aussagekräftige Ergebnisse hervorbrachte.

Weiterhin danken wir unseren Kollegen aus dem Bereich der Tiermedizin, des Tierschutzes und diverser Hundeschulen, die in endlosen Gesprächen und Email-Kontakten mit uns diskutiert und reflektiert haben, was uns an Gedanken durch den Kopf ging und der Verifizierung oder Verwerfung bedurfte.

Last not least Eveline Mirow und Giselle Sifuentes Alba, die uns beim stundenlangen Eingeben der Daten halfen, Antonia Vogel für die Anfertigung der Zeichnungen, Annette Gevatter für die graphische Umsetzung und Susanne Artmann für das Korrekturlesen.

Über die Autoren

Dr. Michael Lehner beendete sein Studium an der tiermedizinischen Fakultät in München und fertigte dort von 1986 bis 1987 als Assistenzarzt am ernährungsphysiologischen Institut seine Dissertation zum Thema Osteoporose und Vitamin D an.

Von 1987 bis 1995 spezialisierte er sich neben der allgemeinen Kleintiermedizin auf den Gebieten der Orthopädie und Chirurgie, seit 1995 zusätzlich auf dem Gebiet der Augenheilkunde. Stationen seiner weiteren assistenzärztlichen Ausbildung waren die Praxis des Onkels im Allgäu sowie große Kleintierkliniken in England (1987 – 1991), Neuseeland (1992 – 1993) und Hagen, Westfalen (1993 – 1995).

Er ist seit 1995 in der Tierklinik Teisendorf tätig und bildet seit 1997 als Teilhaber und Leiter der Kleintierabteilung Assistenten und angehende Tierärzte aus. Seine Fachschwerpunkte bestehen aus Orthopädie, Chirurgie, Ophtalmologie und Akupunktur.

Seit vielen Jahren arbeitet er regelmäßig ehrenamtlich bei in- und ausländischen Tierschutzprojekten mit, so zum Beispiel in Italien, Spanien, Indien und Ägypten.

Er ist Mitglied folgender Berufsfachgruppen:

- British Small Animal Veterinary Association
- Royal College of Veterinary Surgeons
- Akademie für Tierärztliche Fortbildung
- Arbeitskreis für veterinärmedizinische Orthopädie
- Bayerische Landestierärztekammer

Er ist erreichbar unter:
Tierklinik Teisendorf
Unterstetten 10 • 83317 Teisendorf
Tel.: 08666/ 98 28 0
Email: mail@tierklinik-teisendorf.de • www.tierklinik-teisendorf.de

Clarissa v. Reinhardt gründete 1993 eine Hundeschule, die sich schnell zu der Institution für gewaltfreies Hundetraining entwickelte. Als Namen wählte sie animal learn, da dieses Wortspiel aus dem Englischen auf unterschiedliche Weise interpretiert werden kann: Tiere lernen, über Tiere lernen, von Tieren lernen. Genau das ist es, was sie erreichen möchte, ein vertrauensvolles Miteinander zwischen Mensch und Hund im gemeinsamen Leben und Lernen, weshalb sie schon immer zwei Schwerpunkte im Training hatte: Beziehung und Erziehung.

1994 gründete sie ein Seminarzentrum, das seitdem 20 – 30 kynologische Fachseminare jährlich ausrichtet. Der Höhepunkt der Veranstaltungen ist das immer im November stattfindende Internationale Hundesymposium, zu dem Referenten aus aller Welt anreisen und das eine ideale Plattform zur Weiterbildung und zum kollegialen Austausch bietet.

1995 konzipierte sie einen Ausbildungslehrgang zum Hundetrainer, der seitdem regen Zulauf findet und als erster in Deutschland TÜV-zertifiziert wurde. Die Absolventen werden innerhalb von 1 ½ Jahren intensiv geschult und auf den Beruf des Hundetrainers vorbereitet. Nach erfolgreich bestandener Abschlussprüfung tragen sie die Idee eines gewaltfreien Ausbildungskonzeptes in ihren eigenen Hundeschulen und/ oder während ihrer Arbeit im Tierschutz weiter.

2000 gründete sie den animal learn Verlag, der sich weitgehend auf kynologische Fachliteratur spezialisiert hat und sich im gesamten deutschsprachigen Raum großer Beliebtheit erfreut. Er gilt als Garant für weltweit angesehene und hoch qualifizierte Autoren wie Turid Rugaas, Anders Hallgren, Prof. Ray Coppinger, Dr. Marc Bekoff, James O'Heare, Barry Eaton, Sabine Neumann, Maria Hense, Martina Scholz und viele weitere.

Clarissa v. Reinhardt selbst schrieb die Bücher „Stress bei Hunden", „Calming Signals Workbook", „Das unerwünschte Jagdverhalten", „Leinenaggression", „In der Welt der Stille", „Abschied für länger", „Weis(s)e Schnauzen", „Welpen" und „Glücksmomente". Zur Zeit arbeitet sie an weiteren Titeln. Ihre Bücher wurden inzwischen in mehrere Sprachen übersetzt, das Buch „Stress bei Hunden" erhielt 2007 in den USA die Auszeichnung „Dog Book of the Year".

Sie ist eine gefragte Referentin im In- und Ausland, die sich auf ihren Vorträgen und Seminaren für einen gewaltfreien und fairen Umgang mit Hunden stark macht. Ihr Fachwissen und Können stellt sie aber auch in den Dienst des Tierschutzes. Seit 1998 leitet sie den von ihr mit Freunden gegründeten Tierschutzverein „Häuser der Hoffnung e.V.", der sich um in Not geratene Hunde, Katzen und Pferde kümmert. Sie entwickelt neue Konzepte für die Unterbringung von Hunden in Tierheimen und deren erfolgreiche Vermittlung in ein neues Zuhause. Zu diesen Themen berät sie auch Einrichtungen im deutschsprachigen Raum und in den USA.

Sie ist erreichbar über:
animal learn
Am Anger 36 • 83233 Bernau am Chiemsee
Tel.: 08051/ 961 710
Email: animal.learn@t-online.de • www.animal-learn.de

Dr. Michael Lehner und Clarissa v. Reinhardt arbeiten seit 2000 zusammen, wenn es um die Analyse und Behandlung verhaltensauffälliger Hunde geht. Die Kombination aus Tiermedizin und Verhaltenskunde sehen sie dabei als wichtigste Voraussetzung einer erfolgreichen Therapie. Ihren Erfahrungsschatz auf beiden Gebieten geben sie in gemeinsamen Vorträgen und Seminaren weiter und engagieren sich zusätzlich seit Jahrzehnten im In- und Auslandstierschutz.

Literaturverzeichnis

Al-Bassam, M. A., Thompson, R. G. u. O`Donnel, L. (1981): Normal postpartum involution of the uterus in the dog. Can. J. Comp. Med. 45: 217 - 232.

Andersen, A. C. u. Simpson, M. E. (1973): The ovary and reproductive cycle of the dog (beagle). Verlag Geron-X Inc, Los Altos, California.

Arnold, S.: Harninkontinenz bei kastrierten Hündinnen: Bedeutung, Pathophysiologie und Behandlung. Ferdinand Enke Verlag, Stuttgart, 1997.

Ashby, J. A., Testing for endocrine disruption post-EDSTAC: extrapolation of low dose rodent effects to humans. Toxicol. Lett. 2001; 120: 233 - 42.

Avdi, M., Driancourt, M. A.: Influence of sex ratio during multiple pregnancies on productive and reproductive parameters of lambs and ewes. Reprod. Nutr. Dev. 1997; 37: 21 - 7.

Barker, D. J. P., Shiell, A. W., Barker, M. E., Law, C. M.: Growth in utero and blood pressure levels in the next generation. J. Hypertension 2000; 18: 843 - 6.

Bateson, P., Young, M.: The influence of male kittens on the object play of their female siblings. Behav. Neural. Biol. 1979; 27: 374 - 8.

Bell, F., Klausner, J., Hayden, D.: Clinical and pathologic features of prostatic adenocarcinoma in sexually intact castrated dogs: 31 cases (1970-1987). J. Am. Vet. Med. Assoc. 1991, 199:1623 - 1630.

Berry, S. J., Coffey, D. S., Strandberg, J. D., Ewing, L. L.: Effect of age, castration, and testosterone replacement on the development and restoration of canine benign prostatic hyperplasia. Prostate. 1986, 9: 295 - 302.

Brandon J. A. u. Z. Wang: The Prairie Vole (Microtus ochrogaster): An Animal Model for Behavioral Neuroendocrine Research on Pair Bonding. ILAR Journal, Volume 45, 2004; 1: 35 - 45.

Brown, M. J., Schultz, G. S., Hilton, F. H.: Intrauterine proximity to male fetuses predetermines level of epidermal growth factor in submandibular glands of adult female micc. Endocrinology 1984;115: 2318 - 23.

Bryan, J. N., Keeler, M. R., Henry, C. J., Bryan, M. E., Hahn, A. W., Caldwell, C. W.: A population study of neutering status as a risk factor for canine prostate cancer. Prostate. 2007, 67: 1174 - 1181.

Bulman-Fleming, B., Wahlsten, D.: The effects of intrauterine position on the degree of corpus callosum deficiency in two substrains of BALB/c mice. Dev. Psychobiol. 1991; 24: 395 - 412.

Bunck, C., Froin, H. R. u. Günzel-Apel, A.-R. (2002): Erfahrungen mit einem kommerziellen Relaxin-Assay zum Trächtigkeitsnachweis beim Hund. Kleintierpraxis 47: 5 - 10.

Bushong, M. E., Mann, M. A.: Gender and intrauterine position influence saccharin preference in mice. Horm. Behav. 1994; 28: 207 - 18.

Cantoni, D., Glaizot, O., Brown, R. E.: Effects of sex composition of the litter on anogenital distance in California mice (Peromyscus californicus). Can. J. Zool. 1999; 77: 124 - 31.

Chakraborty, P. K. (1987): Reproductive hormone concentrations during estrus, pregnancy and pseudopregnancy in the labrador bitch. Theriogenology 36: 41 - 50.

Chen, Z.-Y., Dzuik, P. J.: Influence of initial length of uterus per embryo and gestation stage on prenatal survival, development, and sex ratio in the pig. J. Anim. Sci. 1993; 71: 1895 - 901.

Clark, M. M., Bishop, A. M., vom Saal, F. S., Galef, Jr. B. G. Responsiveness to testosterone of male gerbils from known intrauterine positions. Physiol. Behav. 1993; 53: 1183 - 7.

Clark, M. M., Galef, Jr. B. G.: Effects of uterine position on rate of sexual development in female Mongolian gerbils. Physiol. Behav. 1988; 42: 15 - 18.

Clark, M. M., Galef, Jr. B. G.: Sexual segregation in the left and right horns of the gerbil uterus: the male embryo is usually on the right, the female on the left (Hippocrates). Dev. Psychobiol. 1990; 23: 29 - 37.

Clark, M. M., Galef, Jr. B. G.: Why some male Mongolian gerbils may help at the nest: testosterone, asexuality and alloparenting. Anim. Behav. 2000; 59: 801 - 6.

Clark, M. M., Karpuik, P., Galef, Jr. B. G.: Hormonally mediated inheritance of acquired characteristics in Mongolian gerbils. Nature 1993; 367: 712.

Clark, M. M., Malenfant, S. A., Winter, D. A., Galef, Jr. B. G.: Fetal uterine position affects copulation and scent marking by adult male gerbils. Physiol. Behav. 1990; 47: 301 - 5.

Clark, M. M., Robertson, R. K., Galef, Jr. B. G.: Intrauterine position effects on sexually dimorphic asymmetries of Mongolian gerbils: testosterone, eye opening, and paw preference. Dev. Psychobiol. 1993; 26: 185 - 94.

Clark, M. M., Tucker, L., Galef, Jr. B. G.: Stud males and dud males: intrauterine position effects on the reproductive success of male gerbils. Anim. Behav. 1992; 43: 215 - 21.

Clark, M. M., vom Saal, F. S., Galef, Jr. B. G. Intrauterine positions and testosterone levels of adult male gerbils are correlated. Physiol. Behav. 1992; 51: 957 - 60.

Clark, M. M., Vonk, J. M., Galef, Jr. B. G.: Intrauterine position, parenting, and nest-site attachment in male Mongolian gerbils. Dev. Psychobiol. 1998; 32: 177 - 81.

Clemens, L. G.: Neurohormonal control of male sexual behavior. In: Montagna, W., Sadler, W. A., editors. Advances in behavioral biology, vol. 11. New York, Plenum Press; 1974: 23 - 53.

Clemens, L. G., Gladue, B. A., Coniglio, L. P.: Prenatal endogenous androgenic influences on masculine sexual behavior and genital morphology in male and female rats. Horm. Behav. 1978; 10: 40 - 53.

Concannon, P. W., Spraker, T. R., Casey, H. W., Hansel, W.: Gross and histopathologic effects of medroxyprogesterone acetate and progesterone on the mammary glands of adult beagle bitches. Fertil. Steril. 1981, 36: 373 - 387.

Concannon, P. W., Yaeger, A., Frank, D. u. Iyampillai, A. (1990): Termination of pregnancy and induction of premature luteolysis by the antiprogestagen, mifepristone, in dogs. J. Reprod. Fert. 88: 99 - 104.

Concannon, P. W. (1980): Effects of hypophysectomy an LH administration on luteal phase plasma progesterone levels in the beagle bitch. J. Reprod. Fert. 58, 407 - 410.

Concannon, P. W. (1984): Endocrinology of canine estrus cycle, pregnancy and parturition. Proc. Ann. Meeting soc. Theriogenology, Denver, Colorado, USA; 1984: 1 - 24.

Concannon, P. W. (1986): Canine physiology of reproduction. In: T. Burke (Hrsg.): Small animal reproduction and infertility. Verlag Lea und Febiger, Philadelphia, S. 23 - 77.

Concannon, P. W. (1993): Biology of gonadotropin secretion in adult an prepubertal female dogs. J. Reprod. Fert., Suppl. 47: 3 - 27.

Concannon, P. W., Hansel, W. U., Mc Entee, K. (1977): Changes in LH, progesterone and sexual behaviour associated with preovulatory luteinizition in the bitch. Biol. Repro. 17: 604 - 613.

Concannon, P. W., Mc Cann, J. P. u. Temple, M. (1989): Biology and endocrinology of ovulation, pregnancy and parturition in the dog. J. Reprod. Fert., Suppl. 39: 3 - 25.

Concannon, P. W., Weinstein, R., Whaley, S. u. Frank, D. (1987): Suppression of luteal function in dogs by luteinizing hormone antiserum and by bromocriptine. Biol. Reprod. 34: Suppl. 1, 119 (Abstract).

Cowell, L. G., Crowder, L. B., Kepler, T. B.: Density-dependent prenatal androgen exposure as an endogenous mechanism for the generation of cycles in small mammal population. J. Theor. Biol. 1998; 190: 93 - 106.

Das, C. u. Catt, K. J. (1987): Antifertility actions of the progesterone antagonist RU 486 include direct inhibition of placental hormone secretion. Lancet. 2: 599 - 601.

Das Deutsche Tierschutzgesetz www.gesetze-im-internet.de/tierschg/BJNR012770972.html

Darwin, C.: Variation under domestication. On the origin of the species; a Facsimile of the first edition (1859), Cambridge, MA: Harvard University Press; 1964.

De Dreu, C. K. W., Lindred, L.G., Handgraaf, M. J. J., Shalvi, S., Van Kleef, G. A., Baas, M., Ten Velden, F. S., Van Dijk, E. u. S. W. W. Feith: The Neuropeptide Oxytocin Regulates Parochial Altruism in Intergroup Conflict Among Humans. Science 2010; 11, Vol. 328 no. 5984: 1408 - 1411.

De Dreu, C. K. W., Lindred, L.G., Handgraaf, M. J. J., Shalvi, S., Van Kleef, G. A.: Oxytocin modulates selection of allies in intergroup conflict. Proc. R. Soc. B. 14 September 2011, DOI: 10.1098/rspb.2011.1444.

De Dreu, C. K. W., Lindred, L.G., Van Kleef, G. A., Shalvi, S., Handgraaf, M. J. J.: Reply to Chen et al.: Perhaps goodwill is unlimited but oxytocin-induced goodwill is not. Proceedings of the National Academy of Sciences of the USA, 29 März 2011: E46.

Dixon, R. M., Mooney, C. T.: Canine serum thyroglobulin autoantibodies in health, hypothyroidism and non-thyroidal illness. Res. Vet. Sci. 1999, 66: 243 - 246.

Dreier, H. K., Coreth, H. u. Kopschitz, M. M. (1987): Progesteron- und Östrogenbestimmung bei der Hündin im Verlauf des Normo- und des Pathozyklus. Kleintierpraxis 32: 337 - 342.

Drickamer, L. C., Arthur, R. D., Rosenthal, T. L.: Conception failure in swine: importance of the sex ratio of a female's birth litter and tests of other factors. J. Anim. Sci. 1997; 75: 2192 - 6.

Edney, A. T., Smith, P. M.: Study of obesity in dogs visiting veterinary practices in the United Kingdom. Vet. Rec. 1986, 118: 391 - 396.

Einspanier, A., Bunck, C., Salpigtidou, P., Marten, A., Fuhrmann, K., Hoppen, H. O. u. Günzel-Apel (2002): Relaxin: ein wichtiger Graviditätsindikator bei der Hündin. Dtsch. Tierärztl. Wschr. 109: 8 - 12.

England, G. C. W. u. Yeager, A. E. (1993): Ultrasonographic appearance of the ovary and the uterus of the bitch during oestrous, ovulation and early pregnancy. J. Reprod. Fertil., Suppl. 47: 107 - 117.

England, G. C. W. (1993): Ultrasonographic imaging of spontaneous embryonic resorption in the bitch. J. Reprod. Fert., Suppl. 47: 552 (abstract).

Feldman, E. C. u. Nelson, R.W. (1996): Canine female reproduction. In: Feldman, E. C. u. R. W. Nelson (Hrsg.): Canine and feline endocrinology and reproduction. Verlag Saunders Company, Philadelphia, 399 - 480.

Fieni, F., Bruyas, J. F., Battut, I. u. Tainturier, D. (2001a): Clinical use of anti-progestins in the bitch. In: Concannon, P. W, England, G., Verstegen, J. u. C. Linde-Forsberg (Hrsg.): Recent advances in small animal reproduction. International veterinary information service (www.ivis.org), Ithaca, NY, USA.

Fieni, F., Martal, J., Marnet, P. G., Silart, B., Bernard, F., Riou, M., Bruyas u. Tainturier, D. (2001b): Hormonal variation in bitches after early or mid-pregnancy termination with aglepristone (RU 486). J. Reprod. Fertil., Suppl. 57: 243 - 248.

Forger, N. G., Galef, Jr. B. G., Clark, M. M.: Intrauterine position affects motoneuron number and muscle size in a sexually dimorphic neuromuscular system. Brain. Res. 1996; 735: 119 - 24.

Gal, A., Cãtoi, C., Baba, A., Iacob, S., E. D.: Epidemiological Studies of Mammary Neoplasms in Bitches. Proc. World Small Anim. Vet. Assoc., Rhodes, Greece 2004.

Galac, S., Kooistra, H. S., Butinar, J., Bevers, M. M., Dielemann, S. J., Voohout, G., Okkens, A. C. (2000): Termination of mid-gestation pregnancy in bitches with aglepristone, a progesterone receptor antagonist. Theriogenology 53 (4): 941 - 950

Garzo, V. G., Liu, J., Uhlmann, A., Baulieau, E., Yen, S. (1988): Effects of an antiprogesterone (RU486) on the hypothalamic-hypophyseal-ovarianendometrial axis during the luteal Phase of the menstrual cycle. J. Clin. Endocrinol. Metab. 66: 508 - 517.

Gandelman, R., Graham, S.: Singleton female mouse fetuses are subsequently unresponsive to the aggression-activating property of testosterone. Physiol. Behav. 1986; 37: 465 - 7.

Gräf, K.-J. (1976): Serum oestrogen, progesterone and prolactin concentrations in cyclic, pregnant and lactating beagle dogs. J. Reprod. Fert. 52: 9 - 14.

Gray, Jr. L. E., Ostby, J., Monosson, E., Kelce, W.R.: Environmental antiandrogens: low doses of the fungicide vinclozolin alter sexual differentiation of the male rat. Toxicol Ind. Health 1999; 15: 48 - 64.

Greer, K. A., Canterberry, S. C., Murphy, K. E.: Statistical analysis regarding the effects of height and weight on life span of the domestic dog. Res. Vet. Sci. 2007, 82: 208 - 214.

Günzel-Apel, A.-R. u. Koivisto, P. (1984): Aktuelles zum Sexualzyklus der Hündin – diagnostische Möglichkeiten durch vaginalzytologische Untersuchungen mittels Testsimplets. Prakt. Tierarzt 65: 163 - 166.

Günzel-Apel, A.-R. (1994): Die Zuchthündin. In: Günzel-Apel, A.-R. (Hrsg.): Fertilitätskontrolle und Samenübertragung beim Hund, Verlag Gustav Fischer, Jena, Stuttgart, 49 - 73.

Günzel-Apel, A.-R. u. Dieterich, J. (2001A): Follikelüberwachung, Ovulation, Gelbkörperanbildung im Rahmen der Läufigkeits- und Fertilitätsüberwachung. In: Poulsen-Nautrup, C. und Tobias, R.(Hrsg.): Atlas und Lehrbuch der Ultraschalldiagnostik bei Hund und Katze. 4. Auflage, Verlag Schlütersche, Hannover, 248 - 256.

Günzel-Apel, A.-R. u. Heinze, B.(2001b): Pathologische Trächtigkeit. In: Poulsen-Nautrup, C. und Tobias, R. (Hrsg.): Atlas und Lehrbuch der Ultraschalldiagnostik bei Hund und Katze. 4. Auflage, Verlag Schlütersche, Hannover, S. 311 - 313.

Günzel-Apel, A.-R., Hayer, M., Mischke, R., Wirth, W., Hoppen, H.-O. (1997): Dynamics of haemostasis during the oestrous cycle and pregnancy in bitches. J. Reprod. Fertil. Suppl. 51: 185 - 193.

Günzel-Apel, A.-R., Zabel, S., Einspanier, A. u. Hoppen, H.-O. (2003): Bedeutung, Diagnostik und „Handling" der Gelbkörperinsuffizienz beim Hund: Züchterwunsch und tierärztliche Verantwortung. Kongressbericht 49. Jahreskonferenz der Fachgruppe Kleintierkrankheiten der Deutschen Veterinärmedizinischen Gesellschaft am 06.-09.11.2003 in Leipzig, S.119 - 123.

Günzel-Apel, A.-R., Zabel, S., Bunck, C. F., Dielemann, S. J., Einspanier, A., Hoppen, H.O. (2006): Concentrations of progesterone, prolactin and relaxin in the luteal phase and pregnancy in normal and short-cycling German Shepherd dogs. Theriogenology 66: 1431 - 1435.

Hagman, R.: New aspects of canine pyometra. Studies on epidemiology and pathogenesis. Doctoral thesis, Veterinaria 182, Swedish University of Agricultural Sciences, 2004.

Hashimoto, S., Yamamura, H., Sato, T., Kanayama, K., Sakai, T.: Prevalence of Mammary Gland Tumor of Small Breed Dog in the Tokyo Metropolitan Area. J. Vet. Epidem. 2002, 6: 81 - 91.

Hayer, P. J., Günzel-Apel, A.-R., Lürssen, D. u. Hoppen, H.-O. (1993): Ultrasonographic monitoring of follicular development, ovulation and early luteal phase in the bitch. J. Reprod. Fertil., Suppl. 47: 93 - 100.

Hegstad, R. L., Johnston, S. D. u. Pasternak, D. M. (1993): Concentrations and pulse analyses of adrenocorticotrophin and luteinizing hormone in plasma from dogs in proestrus, estrus, diestrus or anestrus. J. Reprod. Fertil. , Suppl. 47: 77 - 84.

Hernandez-Tristan, R., Arevalo, C., Canals, S.: Effects of prenatal uterine position on male and female rats' sexual behavior. Physiol. Behav. 1999; 67: 401 - 8.

Herrenkohl, L. R.: Prenatal stress reduces fertility and fecundity in female offspring. Science 1979; 206: 1097 - 9.

Herrenkohl, L. R., Politch, J. A.: Effects of prenatal stress on the estrous cycle of female offspring as adults. Experientia 1978; 34: 1240 - 1.

Hoffmann, B. u. Schneider, S. (1993): Secretion an release of luteinizing hormone during the luteal phase of the oestrous cycle in the dog. J. Reprod. Fertil., Suppl. 47: 85 - 91.

Höftmann, T. (2004): Endokrinologische, dopplersonographische, histologische und immunhistologische Untersuchungen zur Physiologie und Pathophysiologie der Gelbkörperfunktion der graviden Hündin. Hannover, Tierärztl. Hochsch., Diss.

Holst, P. A. u. Phemister, R. D. (1971): The prenatal development of the dog: preimplantation events. Biol. Reprod. 5: 194 - 206.

Hoppen, H.-O. (1990): Endokrinologie des Sexualzyklus der Hündin. Kleintierpraxis 35: 565 - 568.

Hotchkiss, A.K.: The effect of androgens and antiandrogens on sexual differentiation in male and female rats. Doctoral Dissertation, North Carolina State University; 2001.

Houpt, K. A., Coren, B., Hintz, H. F., Hilderbrant, J. E.: Effect of sex and reproductive status on sucrose preference, food intake, and body weight of dogs. J. Am. Vet. Med. Assoc. 1979; 174: 1083 - 1085.

Houtsmuller, E. J., de Jong, F. H., Rowland, D. L., Slob, A. K.: Plasma testosterone in fetal rats and their mothers on day 19 of gestation. Physiol. Behav. 1995; 57: 495 - 9.

Houtsmuller, E. J., Slob, A. K.: Masculinization and defeminization of female rats by males located caudally in the uterus. Physiol. Behav. 1990; 48: 555 - 60.

Howe, L. M., Slater, M. R., Boothe, H. W., Hobson, H. P., Holcom, J. L., Spann A. C.: Longterm outcome of gonadectomy performed at an early age or traditional age in dogs. J. Am. Vet. Med. Assoc. 2001, 218: 217 - 221.

Hubler, M. u. Arnold, S. (2000): Prevention of pregnancy in bitches with the progesterone antagonist aglepristone (Alizine). Schweiz. Arch. Tierheilkd. 142, 381 - 386.

James, W. H.: The human sex ratio. Part 1: a review of the literature. Hum. Biol. 1987; 59: 721 - 52.

Jeusette, I., Detilleux, J., Cuvelier, C., Istasse, L., Diez, M.: Ad libitum feeding following ovariectomy in female Beagle dogs: effect on maintenance energy requirement and on blood metabolites. J. Anim. Physiol. Anim. Nutr. (Berl). 2004, 88: 117 - 121.

Jöchle, W. (1976): Neue Erkenntnisse über die Fortpflanzungsbiologie von Hund und Katze: Konsequenz für die Östruskontrolle, Konzeptionsverhütung, Abortauslösung und Therapie. Dtsch. tierärztl. Wochenschr. 83: 564 - 586.

Jöchle, W. u. Anderssen, A. C. (1977): The oestrous cycle in the dog: a review. Theriogenology 7: 133 - 140.

Jöchle, W., Tomlinson u. Andersen, A.C. (1973): Prostaglandin effects on plasma progesterone levels in the pregnant and the cycling dog (beagle). Prostaglandins 3: 209 - 217.

Johnson, C.: Diagnosis and treatment of chronic vaginitis in the bitch. Vet. Clin. North Am. 1991, 21: 523 - 531.

Johnston, S. D. u. Raksil, S. (1987): Fetal loss in the dog and cat. Vet. Clin. North Am. Small Anim. Pract. 17: 535 - 554.

Jones, D., Gonzalez-Lima, F., Crews, D., Galef, Jr. B. G., Clark, M. M.: Effects of intrauterine position on the metabolic capacity of the hypothalamus of female gerbils. Physiol. Behav. 1997; 61: 513 - 9.

Jubilan, B. M., Nyby, J. G.: The intrauterine position phenomenon and precopulatory behaviors in house mice. Physiol. Behav. 1992; 51: 857 - 72.

Kappeler, P. M.: Verhaltensbiologie. Springer Verlag, 2012; 3. Auflage, 641 S.

Kehrer, A. (1973): Zur Entwicklung und Ausbildung des Chorions der Plazenta zonaria bei Hund, Katze und Fuchs. Z. Anat. Entwicklungsgesch. 143: 25 - 42.

Kinsley, C. H., Konen, C. M., Miele, J. L., Ghiraldi, L., Svare, B.: Intrauterine position modulates maternal behaviors in female mice. Physiol. Behav. 1986; 36: 793 - 9.

Kirpensteijn, J., Rutteman, G. R.: Practical Treatment of Mammary Neoplasia. NAVC, Orlando, USA 2006.

Knight, J. W.: Aspects of placental estrogen synthesis in the pig. Exp. Clin. Endocrinol. 1994; 102: 175 - 84.

Kooistra, H. S., Okkens, A. C., Bevers, M. M., Popp-Snijders, C., Van Haften, B., Dieleman, S. J. u. Shoemaker, J. (1999): Concurrent pulsatile secretion of luteinizing hormone and follicel-stimulating hormone during different phases of the estrus cycle and anestrus. Biol. Reprod. 60: 65 - 71.

Kosfeld, M., Heinrichs, M., Zak, P. J., Fischbacher, U. u. Fehr, E.: Oxytocin increases trust in humans. Nature 435, 2005.

Kraft, W.: Geriatrics in canine and feline internal medicine. Eur. J. Med. Res. 1998, 3: 31 - 41.

Kydd, D. M., Burnie, A. G.: Vaginal Neoplasia in the Bitch – a Review of 40 Clinical Cases. J. Small Anim. Pract. 1986, 27: 255 - 263.

Lange, K. (1995): Untersuchungen zur Nidationsverhütung und zum Abbruch der Frühgravidität bei der Hündin mit geringen Dosierungen von Prostaglandin 2(alpha). Hannover, Tierärztl. Hochsch., Diss.

Lange, K., Günzel-Apel, A.-R., Hoppen, H. O., Mischke, R. u. Nolte, I. (1997): Effects of low doses of prostaglandin F 2 during the early luteal phase before and after implantation in beagle bitches. J. Repro. Fertil. Suppl. 51: 251 - 257.

Le Roux, P. H.: Thyroid status, oestradiol level, work performance and body mass of ovariectomised bitches and bitches bearing ovarian autotransplants in the stomach wall. J. S. Afr. Vet. Assoc. 1983, 54: 115 - 117.

Linde-Forsberg, C., Kindahl, H. u. Madej, A. (1992): Termination of mid-pregnancy in the dog with oral RU 486. J. Small Anim. Pract. 33: 331 - 336.

Liu, D. J., Dorio, J. C., Francis, D. D., Meaney, M. J.: Maternal care, hippocampal synaptogenesis and cognitive development in rats. Nat. Neurosci. 2000; 3: 799 - 806.

Mann, G. E., Campbell, B. K., Mc Neilly, A. S. u. Baird, D. T. (1992): The role of inhibin and oestradiol in the control of FSH-secretion in the sheep. J. Endocrinol. 13: 381 - 391.

Marmor, M., Willeberg, P., Glickman, L. T., Priester, W. A., Cypess, R. H., Hurvitz, A. I.: Epizootiologic patterns of diabetes mellitus in dogs. Am. J. Vet. Res. 1982, 43: 465 - 470.

McFadden, D. A.: masculinizing effect on the auditory systems of human females having male co-twins. Proc. Natl. Acad. Sci. 1993; 90: 11900 - 4.

McFadden, D., Loehlin, J. C., Pasanen, E. G.: Additional finding on heritability and prenatal masculinization of cochlear mechanisms: click-evoked otoacoustic emissions. Hear. Res. 1996; 97: 102 - 19.

Meek, L. R., Burda, K. M., Paster, E.: Effects of prenatal stress on development in mice: maturation and learning. Physiol. Behav. 2000; 71: 543 - 9.

Meisel, R. L., Ward, I. L.: Fetal female rats are masculinized by male littermates located caudally in the uterus. Science 1981; 213: 239 - 42.

Meyer, H. H. D. (1994): Luteal versus placental progesterone: the situation in the cow, pig and bitch. Exp. Clin. Endocrinol. 102: 190 - 192.

Milne, K. L., Hayes, H. M., Jr.: Epidemiologic features of canine hypothyroidism. Cornell Vet. 1981, 71: 3 - 14.

Misdorp, W.: Progestagens and mammary tumours in dogs and cats. Acta Endocrinol. (Copenh). 1991, 125 Suppl. 1: 27 - 31.

Montano, M. M., Wang, M.-H., Even, M. D., vom Saal, F. S.: Serum corticosterone in fetal mice: sex differences, circadian changes, and effect of maternal stress. Physiol. Behav. 1991; 50: 323 - 9.

Moore, C. L., Dou, H., Juraska, J. M.: Maternal stimulation affects the number of motor neurons in a sexually dimorphic nucleus of the lumbar spinal cord. Brain Res. 1992; 572: 52 - 6.

Morris, J. S., Dobson, J. M., Bostock, D. E., O'Farrell, E.: Effect of ovariohysterectomy in bitches with mammary neoplasms. Vet. Rec. 1998, 142: 656 - 658.

Moulton, J. E., Rosenblatt, L. S., Goldman, M.: Mammary tumors in a colony of beagle dogs. Vet. Pathol. 1986, 23: 741 - 749.

Mylchreest, E., Wallace, D. G., Cattley, R. C., Foster, P. M.: Dose-dependent alterations in androgen-regulated male reproductive development in rats exposed to Di(n-butyl) phthalate during late gestation. Toxicol. Sci. 2000; 55: 143 - 51.

Niepel, G.: Die Bielefelder Kastrationsstudie, Eigenverlag, 2003.

Nonneman, D. J., Ganjam, V. K., Welshons, W. V., vom Saal, F. S.: Intrauterine position effects on steroid metabolism and steroid receptors of reproductive organs in male mice. Biol. Reprod. 1992; 47: 723 - 9.

Okkens, A. C., Bevers, M. M., Dieleman, S. J. u. Willemse, A. H. (1990): Evidence for prolactin as the main luteotrophic factor in the cyclic dog. Vet. Q. 12: 193 - 201.

Okkens, A. C., Kooistra, H. S., Nickel, R. F.: Comparison of long-term effects of ovariectomy versus ovariohysterectomy in bitches. J. Reprod. Fertil. Suppl. 1997, 51: 227 - 231.

Olson, P. N. (1984): Reproductive endocrinology and physiology of the bitch and queen. Vet. Clin. North. Am. Small Anim. Pract. 14: 927 - 946.

Olson, P. N., Nett, T. M., Bowen, R. A., Sawyer, H. R. u. Niswender, G. D. (1989): Concentrations of reproductive hormones in canine serum throughout late anestrus, proestrus and estrus. Biol. Reprod. 27: 1196 - 1206.

Onclin, K., Silva, L. D. M., Donnay, I. u. Verstegen, J. P. (1993): Luteotrophic action of prolactin in dogs and the effects of dopamine agonist, cabergoline. J. Reprod. Fertil. Suppl. 47: 403 - 409.

Onclin, K. u. Verstegen (1997): In vivo investigation of luteal function in dogs: effects of cabergoline, a dopamine agonist, and prolactin on progesterone secretion during mid-pregnancy and – diestrus. Dom. Est. Anim. Endrocrinol. 14: 25 - 38.

Palanza, P., Morley-Fletcher, S., Laviola, G.: Novelty seeking in periadolescent mice: sex differences and influence of intrauterine position. Physiol. Behav. 2001; 72: 255 - 62.

Philibert, J. C., Snyder, P. W., Glickman, N., Glickman, L. T., Knapp, D. W., Waters, D. J.: Influence of host factors on survival in dogs with malignant mammary gland tumors. J. Vet. Intern. Med. 2003, 17: 102 - 106.

Phillips, B. S.: Mammary Neoplasia in Dogs and Cats. Western Veterinary Conference, Las Vegas, Nevada 2002.

Politt, E. (2004): Klinische, endokrinologische, sonographische und lichtmikroskopische Untersuchungen zur Physiologie und Pathophysiologie der Trächtigkeit des Hundes. Hannover, Tierärztl. Hochsch., Diss.

Ponglowhapan, S., Church, D. B., Scaramuzzi, R. J., Khalid, M.: Luteinizing hormone and follicle-stimulating hormone receptors and their transcribed genes (mRNA) are present in the lower urinary tract of intact male and female dogs. Theriogenology 2007, 67: 353 - 366.

Quadagno, D. M., McQuitty, C., McKee, J., Koelliker, L., Wolfe, G., Johnson, D. C.: The effects of intrauterine position on competition and behavior in the mouse. Physiol. Behav. 1987; 41: 639 - 42.

Reichler, I.: Bedeutung der übergeordneten Sexualhormone in der Pathophysiologie der Kastrationsnebenwirkungen. Habilitationsschrift Universität Zürich, 2007.

Reichler, I. M., Hung, E., Jöchle, W., Piché, C. A., Roos, M., Hubler, M., Arnold, S.: FSH and LH plasma levels in bitches with differences in risk for urinary incontinence. Theriogenology. 2005, 63: 2164 - 2180.

Reichler, I. M., Welle, M. M., Eckrich, C., Forster, U., Sattler, U., Barth, A., Hubler, M., Nett-Mettler, C. S., Jöchle, W., Arnold, S.: Spaying-induced coat changes: The role of gonadotropins, GnRH and GnRH-treatment on the hair cycle of the bitch. Vet. Dermatol. 2008, 19: 77 - 87.

Richmond, G., Sachs, B. D.: Further evidence for masculinization of female rats by males located caudally in utero. Horm. Behav. 1984; 18: 484 - 90.

Rines, J. P., vom Saal, F. S.: Fetal effects on sexual behavior and aggression in young and old female mice treated with estrogen and testosterone. Horm. Behav. 1984; 18: 117 - 29.

Rohde, Parfet, K. A., Ganjam, V. K., Lamberson, W. R., Rieke, A. R., vom Saal, F. S., Day, B. N.: Intrauterine position effects in female swine: subsequent reproductive performance, and social and sexual behavior. Appl. Anim. Behav. Sci. 1990; 26: 349 - 62.

Rohde, Parfet, K. A., Lamberson, W. R., Rieke, A. R., Cantley, T. C., Ganjam, V. K., vom Saal, F. S., Day, B. N.: Intrauterine position effects in male and female swine: subsequent survivability, growth rate, morphology and semen characteristics. J. Anim. Sci. 1990; 68: 179 - 85.

Rüsse, I.: Frühgravidität, Implantation und Plazentation. In: Rüsse, I. u. Sinowatz, F. (Hrsg.): Lehrbuch der Embryologie der Haustiere. Verlag Paul Parey, 1991: 153 - 207.

Ryan, B. C., Vandenbergh, J. G./ Neuroscience and Biobehavioral Reviews 26 (2002) 665 - 678: Exposure is a function of uterine position. Neurotoxicol Teratol 1998; 20: 373 - 82.

Salmeri, K. R., Bloomberg, M. S., Scruggs, S. L., Shille, V.: Gonadectomy in immature dogs: effects on skeletal, physical, and behavioral development. J. Am. Vet. Med. Assoc. 1991, 198: 1193 - 1203.

Schneider, R., Dorn, C. R., Taylor, D. O.: Factors influencing canine mammary cancer development and postsurgical survival. J. Natl. Cancer Inst. 1969, 43: 1249 - 1261.

Seefeldt, A., Schöne, J., Brüssow, N., Bunck, A., Hoppen, H. O., Beyerbach, M. u. Günzel-Apel, A.-R. (2007): Relevanz und Genauigkeit der Ovulationsbestimmung im Hinblick auf die Prognose des Wurftermins beim Hund. Tierärztl. Praxis, 35(k): 188 - 192.

Sherry, D. F., Galef, Jr. B. G., Clark, M. M.: Sex and intrauterine position influences the size of the gerbil hippocampus. Physiol. Behav. 1996; 60: 1491 - 4.

Simon, N. G., Cologer-Clifford, A.: In utero contiguity does not influence morphology, behavioral sensitivity to testosterone, or hypothalamic androgen binding in CF-1 female mice. Horm. Behav. 1991; 25: 518 - 30.

Slauterbeck, J. R., Pankratz, K., Xu, K. T., Bozeman, S. C., Hardy, D. M.: Canine ovariohysterectomy and orchiectomy increases the prevalence of ACL injury. Clinical Orthopaedics and Related Research. 2004: 301 - 305.

Slob, A. K., van der Schoot, P.: Testosterone induced mounting behaviors in adult female rats born in litters of different female to male ratios. Physiol. Behav. 1982; 28: 1007 - 10.

Slob, A. K., Vreeburg, J. T. M.: Prenatal androgens in female rats and adult mounting behaviour. In: Gilles, R., Balthazart, J. (editors): Neurobiology. Berlin: Springer; 1985: 165 - 79.

Sorenmo, K., Goldschmidt, M., Shofer, F.: Immunohistochemical characterization of canine prostatic carcinoma and correlation with castration status and castration time. Vet. Comp. Oncol. 2003; 1: 48 - 56.

Sorenmo, K. U., Shofer, F. S., Goldschmidt, M. H.: Effect of spaying and timing of spaying on survival of dogs with mammary carcinoma. J. Vet. Intern. Med. 2000; 14: 266 - 270.

Spain, C. V., Scarlett, J. M., Houpt, K. A.: Long-term risks and benefits of early-age gonadectomy in dogs. J. Am. Vet. Med. Assoc. 2004; 224: 380 - 387.

Spearow, J. L., Doemeny, P., Sera, R., Leffler, R., Barkley, M.: Genetic variation in susceptibility to endocrine disruption by estrogen in mice. Science 1999; 285: 1259 - 61.

Steiger, K., Politt, E., Höftmann, T., Meyer-Lindenberg, A., Schoon, H.-A. u. Günzel-Apel, A.-R. (2006): Morphology of canine placental sites after induced embryonic or fetal death. Theriogenology 66: 1709 - 1714.

Stein, B.: Tumors of the genital tract. J. Am. Anim. Hosp. Assoc. 1981; 17: 1022 - 1025.

Steinetz, B. G., Goldsmith, L. T. u. G. Lust (1987): Plasma relaxin levels in pregnant and lactating dogs. Biol. Reprod. 37: 719 - 725.

Steinetz, B. G., Goldsmith, L. T., Harvey, H. J. u. G. Lust (1989): Serum relaxin and progesterone concentrations in pregnant, pseudopregnant, and ovarioectomized, progestin-treated pregnant bitches: Detection of relaxin as a marker of pregnancy. Am. J. Vet. Res. 50: 68 - 71.

Stöcklin-Gautschi, N. M.: Einfluss der Frühkastration auf die Harninkontinenz und andere Kastrationsfolgen bei der Hündin. Dissertation, Universität Zürich, 2000.

Strodtbeck, S., Gansloßer, U.: Kastration und Verhalten beim Hund. Müller Rüschlikon, 2001.

Szuran, T. F., Pliska, V., Pokorny, J., Welzl, H.: Prenatal stress in rats: effects on plasma corticosterone, hippocampal glucocorticoid receptors, and maze performance. Physiol. Behav. 2000; 71: 353 - 62.

Tarraf, C. G., Knight, J. W.: Effect of uterine space and fetal sex on conceptus development and in vitro release of progesterone and estrone from regions of the porcine placenta throughout gestation. Domest. Anim. Endocrinol. 1995; 12: 63 - 71.

Tarraf, C. G., Knight, J. W.: Effect of intrauterine position on conceptus development, placental and endometrial release of progesterone and estrone in vitro, and concentration of steroid hormones in fetal fluids throughout gestation in swine. Domest. Anim. Endocrinol. 1995; 12: 179 - 87.

Teske, E., Naan, E. C., van Dijk, E. M., Van Garderen, E., Schalken, J. A.: Canine prostate carcinoma: epidemiological evidence of an increased risk in castrated dogs. Mol. Cell. Endocrinol. 2002; 197: 251 - 255.

Thacher, C., Bradley, R. L.: Vulvar and Vaginal Tumors in the Dog - a Retrospective Study. J. Am. Vet. Med. Assoc. 1983; 183: 690 - 692.

Tobet, S. A., Dunlap, J. L., Gerall, A. A.: Influence of fetal position on neonatal androgen-induced sterility and sexual behavior in female rats. Horm. Behav. 1982; 16: 251 - 8.

Turek, M. M., Withrow, S. J.: Perianal Tumors. In: Withrow S. J. u. Vail D. M. (Hrsg.): Small Animal Clinical Oncology. Saunders Elsevier, St. Louis, Missouri, 2007: 503 - 510.

Uvnäs-Moberg, K., Petersson, M.: Oxytocin, a mediator of anti-stress, well-being, social interaction, growth and healing, Z. Psychosom. Med. Psychother. 2005; 51(1): 57 - 80.

Vandenbergh, J. G., Huggett, C. L.: Mother's prior intrauterine position affects the sex ratio of her offspring in house mice. Proc. Natl. Acad. Sci. 1994; 91: 11055 - 9.

van de Poll, N. E., van der Zwan, S. M., van Oyen, H. G., Pater, J. H.: Sexual behaviors in female rats born in all-female litters. Behav. Brain. Res. 1982; 4: 103 - 9.

van der Hoeven, T., LeFevre, R., Mankes, R.: Effects of intrauterine position on the hepatic microsomal polysubstrate monooxygenase and cytosolic glutathione S-transferase activity, plasma sex steroids and relative organ weights in adult male and female Long-Evans rats. J. Pharmacol. Exp. Theor. 1992; 263: 32 - 9.

van Goethem, B., Schaefers-Okkens, A., Kirpensteijn, J.: Making a rational choice between ovariectomy and ovariohysterectomy in the dog: a discussion of the benefits of either technique. Vet. Surg. 2006, 35: 136 - 143.

van Haaften, B., Dielemann, S. J., Okkens, A. C. u. Willemse A. H. (1992): Timing the mating of dogs on the basis of blood progesterone concentration. Vet. Rec. 125: 524 - 526.

Verstegen-Onclin, K.: Non-Reproductive Effects of Spaying and Neutering: Effects on the Urogenital System. Third International Symposium on Non-Surgical. Contraceptive Methods for Pet Population Control, Alexandria, Virginia, US 2006.

Vomachka, A. J., Lisk, R. D.: Androgen and estradiol levels in plasma and amniotic fluid of late gestational male and female hamsters: uterine position effects. Horm. Behav. 1986; 20: 181 - 93.

vom Saal, F. S.: The intrauterine position phenomenon: effects on physiology, aggressive behavior and population dynamics in house mice. In: Flannelly, K., Blanchard, R., Blanchard, D. (editors): Biological perspectives on aggression. New York: Alan R. Liss Inc.; 1984: 135 - 79.

vom Saal, F. S.: Perinatal testosterone exposure has opposite effects on adult intermale aggression and infanticide in mice. In: Brain, P., Mainardi, D., Parmigiani, S. (editors): House mouse aggression. New York: Harwood Academic Publishers; 1989: 179 - 204.

vom Saal, F. S., Bronson, F. H.: Sexual characteristics of adult female mice are correlated with their blood testosterone levels during prenatal development. Science 1980; 208: 597 - 9.

vom Saal, F. S., Bronson, F. H.: Variation in length of the estrous cycle in mice due to former intrauterine proximity to male fetuses. Biol. Reprod. 1980; 22: 777 - 80.

vom Saal, F. S., Grant, W. M., McMullen, C. W., Laves, K. S.: High fetal estrogen concentrations: correlation with increased adult sexual activity and decreased aggression in male mice. Science 1983; 220: 1306 - 9.

vom Saal, F. S., Pryor, S., Bronson, F. H.: Effects of prior intrauterine position and housing on oestrous cycle length in adolescent mice. J. Reprod. Fertil. 1981; 62: 33 - 7.

Waberski, D. u. Günzel-Apel, A.-R. (1990): Zyklusdiagnostik als Grundlage für fruchtbarkeitsfördernde und -hemmende Maßnahmen bei der Hündin. Kleintierpraxis 35: 573 - 580.

Ward, I. L.: Sexual behavior: the product of perinatal hormonal and prepubertal social factors. In: Gerall, A. A., Moltz, H., Ward, I. L. (editors): Handbook of behavioral neurobiology. Sexual differentation, vol. 11. New York: Plenum Press; 1992: 157 - 79.

Wildt, D. E., Panko, B.; Chakraborty, P. K. u. Seager, S. W. J. (1979): Relationship of serum estrone, estradiol-17ß and progesterone to LH, sexual behaviour and time of ovulation in the bitch. Biol. Reprod. 20: 648 - 658.

Wise, T. H., Christenson, R. K.: Relationship of fetal position within the uterus to fetal weight, placental weight, testosterone, estrogens, and thymosin b4 concentrations at 70 and 104 days of gestation in swine. J. Anim. Sci. 1992; 70: 2787 - 93.

Wolf, C. J., Ostby, J., Hotchkiss, A., Gray, Jr. L. E.: Effects of prenatal testosterone propionate on the sexual development of male and female rats. Biol. Reprod. 2000; 62: 247.

www.wolfskreis.de

Wünsch, C. (1999): Untersuchung verschiedener Messgrößen des Fibrinolysesystems im Verlauf des Sexualzyklus der nichttragenden und tragenden Hündin. Hannover, Tierärztliche Hochschule, Dissertation.

Yamagami, T., Kobayashi, T., Takahashi, K., Sugiyama, M.: Influence of ovariectomy at the time of mastectomy on the prognosis for canine malignant mammary tumours. J. Small Anim. Pract. 1996, 37: 462 - 464.

Zielinski, W. J., Vandenbergh, J. G., Montano, M. M.: Effects of social stress and intrauterine position on sexual phenotype in wild-type house mice (Mus musculus). Physiol. Behav. 1991; 49: 117 - 23.

Zielinski, W. J., vom Saal, F. S., Vandenbergh, J. G.: The effect of intrauterine position on the survival, reproduction and home range size of female house mice (Mus musculus). Behav. Ecol. Sociobiol. 1992; 30: 185 - 91.